機械系 教科書シリーズ 17

工業力学（改訂版）

工学博士 吉村 靖夫
米内山 誠 共著

コロナ社

機械系 教科書シリーズ編集委員会

編集委員長	木本　恭司	（元大阪府立工業高等専門学校・工学博士）
幹　　　事	平井　三友	（大阪府立工業高等専門学校・博士(工学)）
編集委員	青木　　繁	（東京都立産業技術高等専門学校・工学博士）
（五十音順）	阪部　俊也	（奈良工業高等専門学校・工学博士）
	丸茂　榮佑	（明石工業高等専門学校・工学博士）

(2007年3月現在)

刊行のことば

　大学・高専の機械系のカリキュラムは，時代の変化に伴い以前とはずいぶん変わってきました。

　一番大きな理由は，機械工学がその裾野を他分野に広げていく中で境界領域に属する学問分野が急速に進展してきたという事情にあります。例えば，電子技術，情報技術，各種センサ類を組み込んだ自動工作機械，ロボットなど，この間のめざましい発展が現在の機械工学の基盤の一つになっています。また，エネルギー・資源の開発とともに，省エネルギーの徹底化が緊急の課題となっています。最近では新たに地球環境保全の問題が大きくクローズアップされ，機械工学もこれを従来にも増して精神的支柱にしなければならない時代になってきました。

　このように学ぶべき内容が増えているにもかかわらず，他方では「ゆとりある教育」が叫ばれ，高専のみならず大学においても卒業までに修得すべき単位数が減ってきているのが現状です。

　私は1968年に高専に赴任し，現在まで三十数年間教育現場に携わってまいりました。当初に比べて最近では機械工学を専攻しようとする学生の目的意識と力がじつにさまざまであることを痛感しております。こうした事情は，大学をはじめとする高等教育機関においても共通するのではないかと思います。

　修得すべき内容が増える一方で単位数の削減と多様化する学生に対応できるように，「機械系教科書シリーズ」を以下の編集方針のもとで発刊することに致しました。

1. 機械工学の現分野を広く網羅し，シリーズの書目を現行のカリキュラムに則った構成にする。
2. 各書目においては基礎的な事項を精選し，図・表などを多用し，わかり

やすい教科書作りを心がける。
3. 執筆者は現場の先生方を中心とし，演習問題には詳しい解答を付け自習も可能なように配慮する。

　現場の先生方を中心とした手作りの教科書として，本シリーズを高専はもとより，大学，短大，専門学校などで機械工学を志す方々に広くご活用いただけることを願っています。

　最後になりましたが，本シリーズの企画段階からご協力いただいた，平井三友幹事，阪部俊也，丸茂榮佑，青木繁の各委員および執筆を快く引き受けていただいた各執筆者の方々に心から感謝の意を表します。

2000年1月

編集委員長　木本　恭司

まえがき

　本書は高等専門学校，大学の機械系学科において，最も基礎的学問分野として位置づけられている「工業力学」を初めて学ぶ学生の教科書として著したものである。工業力学は基礎科目に位置づけられているが，親しみにくく，難解であるとの印象を持っている学生が少なくない。筆者もかつて学生のころ同じような感じを持ったことがあり，十数年にわたって工業力学を担当してきて学生からそのような指摘をしばしば聞いてきた。

　このことは，工業力学で学ぶ範囲が静力学，運動学および動力学と，きわめて広範囲にわたっており，相互の関連がつかみにくいこと，釣合いの方程式や運動方程式の作り方やその解析に用いる数学的手法に抵抗感があるためと思われる。

　上に述べた点を少しでも軽減できるよう，初学者の学習に役立つことを願ってできるだけわかりやすく記述したつもりである。以上のことを念頭に本書において特に配慮したのはつぎの点である。

1) 力学の基礎的な考え方，重要事項が理解できるようにわかりやすく説明した。
2) 初歩的な数学の知識だけで理解できるように配慮した。
3) 初学者にとって物理的意味が理解しにくい慣性モーメントの記述には理解しやすいように配慮した。
4) 並進運動と回転運動を分けて考えるようにして，それらを対比するように記述した。また，理解を深めるため並進運動における運動方程式，運動エネルギー，運動量等に対応する回転運動におけるそれらとの対比表を巻末に付け加えた。理解を深めるための一助となれば幸いである。
5) 静力学における釣合いの方程式，動力学における運動方程式を作る際に「自由体線図」描くことがきわめて有用であることを本文や例題を通し強調した。
6) できるだけ身近に感じられるような実際的例題を選び読者の興味を促すとともに理解を深めるようにした。
7) 理解を深めるため，できるだけ多くの図を用いて説明した。

8) 例題や演習問題等の数値で求める解答については
   a) 有効数字については原則として3桁に統一した。ただし，角度については〔°〕を使用して小数点以下2桁までとした。
   b) 計算に当り，重力加速度は，$g=9.80$〔m/s²〕を用いた。
   c) 長さの単位は〔cm〕は極力避け，〔mm〕，〔m〕，〔km〕を用いた。

　工業力学に限らず，すべての学問分野に共通することであるが，ある分野の内容を理解するためには一に演習，二に演習，三に演習である。**「時間をかけて数多くの問題を自分で解く」**ことがきわめて重要であるとともに，実力をつけるための近道でもある。教師が，あるいは友人が解いてみせてくれた解答例をみながら理解しようとしてもあまり実力につながらないといっても過言ではない。そのために各章末の演習問題を利用し，自力で問題を解くことにより実力を養成されることを切に期待している。

　この小著が現役学生やすでに社会人となって実務にたずさわっておられる方々の教科書・参考書として，いささかでも役に立てればこの上ない幸せである。

　本書の執筆にあたり，内外のすぐれた力学関係の書物を参考にさせていただいた。これらの著者に心から感謝するとともに，校正から発行まで多大な労をおしまず協力してくださったコロナ社に厚く御礼申し上げる。

2004年2月

著　者

改訂版の出版にあたって

　初版発行後，数多くの方々に教科書採択していただいて現在に至っている。上記の「まえがき」に述べたように，著述にあたり，いくつか強調したい点があったが，今回の改訂にあたり，本文中の説明がより深く理解できるよう特に例題および演習問題の内容と数量を強化した。それらを取り上げた具体的な目標は，工学を学ぶ上で重要な重ね合わせ法の基礎となる力やモーメントの置換え，機械要素の基礎である軸受の抵抗，問題を解くのに知っておくと便利な仮想仕事の原理および問題簡単化のための等価質量，等価ばねの概念の理解である。

2016年3月

著　者

目　　次

1. 　静力学の基礎

1.1 　力とベクトル ··1
　1.1.1 　力とその表示 ···1
　1.1.2 　2力の釣合いと内力 ··2
　1.1.3 　剛体と作用線の法則 ··2
1.2 　1点に働く力の合成と分解 ··3
　1.2.1 　力の平行四辺形による合成 ·····································3
　1.2.2 　直角座標系による力の分解と合成 ··························4
1.3 　1点に働く力の釣合いの条件 ··7
　1.3.1 　ラミの定理 ··8
　1.3.2 　物体間に働く力の方向（摩擦を無視できる場合） ·········10
1.4 　力のモーメント ··15
演 習 問 題 ···17

2. 　剛体に働く力

2.1 　着力点の異なる力の合成 ···20
2.2 　偶力と偶力のモーメント ···22
2.3 　力 の 置 換 え ··24
2.4 　着力点の異なる力の釣合い ···25
2.5 　ト ラ ス ···32
　2.5.1 節 点 法 ···33
　2.5.2 切 断 法 ···35
演 習 問 題 ···37

3. 　重　　　　　心

3.1 　重　　　　　心 ··42

3.2　回転体の表面積と体積 …………………………………………… 51
3.3　物体のすわり ………………………………………………………… 53
演習問題 …………………………………………………………………… 54

4.　摩　　　擦

4.1　静　摩　擦 ……………………………………………………………… 59
4.2　動　摩　擦 ……………………………………………………………… 61
4.3　摩　擦　角 ……………………………………………………………… 63
4.4　転がり摩擦 ……………………………………………………………… 66
4.5　おもな機械要素における摩擦 ……………………………………… 68
　4.5.1　ベルトの摩擦 ……………………………………………………… 68
　4.5.2　く　さ　び ………………………………………………………… 69
　4.5.3　角　ね　じ ………………………………………………………… 71
　4.5.4　軸受の摩擦 ………………………………………………………… 73
演習問題 …………………………………………………………………… 75

5.　運　動　学

5.1　並進運動 ………………………………………………………………… 78
　5.1.1　直線運動と曲線運動 ……………………………………………… 78
　5.1.2　距離と変位 ………………………………………………………… 79
　5.1.3　速さと速度 ………………………………………………………… 80
　5.1.4　加　速　度 ………………………………………………………… 81
　5.1.5　一般の運動 ………………………………………………………… 83
　5.1.6　接線加速度と法線加速度 ………………………………………… 85
　5.1.7　放物運動 …………………………………………………………… 88
5.2　回転運動 ………………………………………………………………… 92
5.3　等速円運動と等角加速度円運動 …………………………………… 97
5.4　相対運動 ………………………………………………………………… 99
演習問題 …………………………………………………………………… 102

6.　並進運動をする物体の動力学

6.1　ニュートンの運動の法則 …………………………………………… 105

6.2 慣　性　力 ……………………………………………………… *110*
6.3 求心力と遠心力 ………………………………………………… *114*
演　習　問　題 …………………………………………………………… *119*

7. 剛体の動力学

7.1 角運動方程式と慣性モーメント …………………………… *123*
7.2 慣性モーメント ………………………………………………… *126*
　7.2.1 慣性モーメント ……………………………………………… *126*
　7.2.2 慣性モーメントの計算例 …………………………………… *129*
7.3 剛体の平面運動 ………………………………………………… *134*
演　習　問　題 …………………………………………………………… *137*

8. 運動量と力積

8.1 運動量と力積 …………………………………………………… *142*
8.2 運動量保存の法則 ……………………………………………… *145*
8.3 角運動量と力積のモーメント ………………………………… *146*
8.4 角運動量保存の法則 …………………………………………… *148*
8.5 衝　　　突 ……………………………………………………… *149*
　8.5.1 向　心　衝　突 ……………………………………………… *149*
　8.5.2 心向き斜め衝突 ……………………………………………… *152*
　8.5.3 偏　心　衝　突 ……………………………………………… *153*
　8.5.4 打　撃　の　中　心 ………………………………………… *157*
8.6 流　体　の　圧　力 …………………………………………… *159*
　8.6.1 直　管　の　場　合 ………………………………………… *159*
　8.6.2 曲管に作用する力 …………………………………………… *160*
　8.6.3 ジェット機の推力 …………………………………………… *162*
演　習　問　題 …………………………………………………………… *163*

9. 仕事，動力，エネルギー

9.1 仕　　　事 ……………………………………………………… *167*
　9.1.1 仕　事　と　単　位 ………………………………………… *167*
　9.1.2 重力のする仕事 ……………………………………………… *168*

9.1.3　ばねのする仕事 …………………………………… 169
　9.1.4　トルクのする仕事 …………………………………… 170
9.2　動　　力 ………………………………………………… 171
9.3　エネルギー ……………………………………………… 173
　9.3.1　位置エネルギー ……………………………………… 173
　9.3.2　運動エネルギー ……………………………………… 174
　9.3.3　回転運動エネルギー ………………………………… 176
9.4　エネルギー保存の法則 ………………………………… 179
9.5　仮想仕事の原理 ………………………………………… 183
演習問題 ……………………………………………………… 185

10.　振　動

10.1　単振動 ………………………………………………… 189
10.2　自由振動と自由度 …………………………………… 191
10.3　1自由度振動系の例 ………………………………… 193
　10.3.1　ばね振り子 ………………………………………… 193
　10.3.2　単振り子 …………………………………………… 195
　10.3.3　管中の液体の振動 ………………………………… 197
　10.3.4　弦の振動 …………………………………………… 198
10.4　減衰のない1自由度自由振動 ……………………… 199
10.5　減衰のある1自由度自由振動 ……………………… 201
10.6　等価ばね，等価質量 ………………………………… 205
　10.6.1　等価ばね …………………………………………… 205
　10.6.2　等価質量 …………………………………………… 207
演習問題 ……………………………………………………… 211

付　　録 ……………………………………………………… 215
引用・参考文献 ……………………………………………… 217
演習問題解答 ………………………………………………… 218
索　　引 ……………………………………………………… 227

1

静力学の基礎

　いくつかの力の作用を受けながら静止している物体は釣合いの状態 (equilibrium state) にあるという。この釣合いの状態にある物体に作用している力の関係を明らかにする力学を**静力学** (statics) という。本章では，日常われわれがよく言葉として使用している力はどのように定義され，どのような性質を持っているかという力学の基礎について学ぶことにする。

1.1 力とベクトル

1.1.1 力とその表示

　静止している物体を移動したり，運動している物体を止める，あるいは物体を変形させるなどの原因となる作用を**力** (force) という。力は，その大きさのほか，方向，向き，力の作用点によってその効果は異なってくる。したがって，力を完全に記述するためには，大きさ，方向，向きおよび着力点を同時に示す必要がある。このような数値としての大きさのみで表現できない物理量として力のほかに変位，速度，加速度などがあり，これらの量を**ベクトル** (vector) 量という。これに対し，質量，長さ，温度などは単位が異なるものの数値の大きさのみで表すことが可能である。このように単位をともなうが数値のみで表示可能な量を**スカラー** (scalar) 量という。

　質量 1 [kg] の物体に 1 [m/s^2] の加速度を生じさせる力の大きさを 1 [N] （ニュートン）という。重力加速度 g は，地球上の位置により多少異なるが本書では，$g = 9.80$ [m/s^2] を使用する。したがって質量 1 [kg] の物体が受ける

重力は，9.80〔N〕となる。

1.1.2 2力の釣合いと内力

二つの力は，同一直線上で反対方向に作用し，その大きさが等しい場合に限り釣り合う。工学上では，**図1.1**(a), (b)のように，両端に力の作用を受けている棒の釣合いを考えることが多い。棒の自重を無視すれば，2力の大きさが等しく同一線上に作用している場合は力の大きさに無関係に釣合いが保たれる。

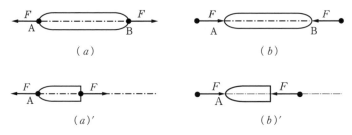

図1.1 2力の釣合い

図(a)の棒の内部に作用している力を調べるために中央の断面から左半分の釣合いを考えてみよう。点Aの**外力**（external force）F により棒が左方向へ動くことなく釣合いの状態を保つためには，右半分がこの断面を図(a)'のように点Aの外力と同じ大きさで反対向きに力 F の作用をしていると考えられる。図(b), (b)'の関係についても同様に考えることができる。このように，棒の内部に作用する力を**内力**（internal force）という。

1.1.3 剛体と作用線の法則

工業力学では，特に断ることがなければ物体を**剛体**（rigid body）として取り扱う。剛体とは十分大きな力が加わっても変形も破壊も起こらないと仮想した物体である。したがって物体を剛体と仮定することにより，変形は考慮する必要がなくなり，つぎの「力の作用線の法則」が成立する。例として両端に等しい大きさの2力 F_1, F_2 が作用している**図1.2**(a)の棒ABを考える。この

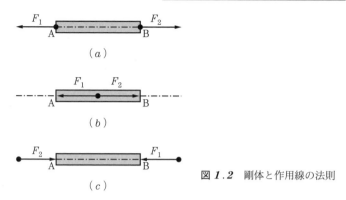

図 1.2 剛体と作用線の法則

場合，力 F_1，F_2 は棒に引張りを与えた状態で釣り合っている．力をそれぞれ移動し，図 (b) のように棒の中心位置まで移動すると，この棒には内力がなくなる．さらに力を移動させた図 (c) の状態において棒は圧縮力を受ける．しかし，棒を剛体とみなすとき，変形や内力を考慮する必要はなくなる．したがって，図 (a)，(b)，(c) は，単に 2 力が釣り合っている状態を示しているので，等価と考えることができる．

このように，物体を剛体とみなすことにより，"力はその作用線上を移動してもその効果に変化は生じない"．このことを**力の作用線の法則**という．

1.2 1点に働く力の合成と分解

1.2.1 力の平行四辺形による合成

2 力 F_1，F_2 が 1 点 O に作用している場合，この 2 力による効果と完全に等しい効果を持つ一つの力 F を F_1，F_2 の**合力** (resultant force) という．2 力 F_1，F_2 から合力 F を求めることを，力を合成するという．**図 1.3** (a) に示すように，点 O に 2 力が働いている場合に，F_1，F_2 を隣り合う 2 辺とする平行四辺形 OACB をつくると，この対角線 $\overline{OC}$ が求める合力 F である．この平行四辺形 OACB を力の平行四辺形という．

力 F_1 を固定し，F_2 を平行移動して F_1 の先端の点 A に F_2 の着力点を一致

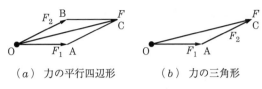

(a) 力の平行四辺形 　　(b) 力の三角形

図 1.3 力の合成

させ，F_1 の着力点 O から F_2 の先端 C に直線を引いても合力 F が得られる。このようにして描かれた図 (b) を力の三角形という。

例題 1.1 点 O に作用する 2 力 F_1, F_2 の大きさがそれぞれ 50〔N〕, 40〔N〕で，そのなす角 θ_0 が 80° のとき，合力 F を求めよ。

【解答】 図 1.4 のように，力の平行四辺形をつくり，F_1 と合力 F の間の角を θ とする。図の三角形 OAC より，合力 F の大きさは次式となる。

$$F = \sqrt{F_1{}^2 + F_2{}^2 + 2F_1F_2\cos\theta_0} \qquad (a)$$

これに，数値を代入して

$$F = \sqrt{50^2 + 40^2 + 2\times 50\times 40\cos 80°} = 69.2 〔\text{N}〕$$

を得る。また，水平とのなす角 θ は

$$\overline{\text{CD}} = F\sin\theta = F_2\sin\theta_0$$

の関係から

$$\sin\theta = \frac{F_2\sin\theta_0}{F} = 0.5689$$

$$\therefore\quad \theta = 34.67°$$

となる。

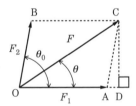

図 1.4 力の平行四辺形　◇

1.2.2 直角座標系による力の分解と合成

図 1.5 は力 F を直角座標軸 x, y に射影した分力を示す。力 F の x 軸への射影を F_x で表示し，y 軸のそれを F_y とすると

$$F_x = F\cos\theta, \quad F_y = F\sin\theta \qquad (1.1)$$

が得られる。F_x, F_y を力 F の x 方向成分，y 方向成分という。これとは逆にこの直角方向成分 F_x, F_y が与えられている場合，その合力 F の大きさと x 軸とのなす角 θ は

$$F=\sqrt{F_x{}^2+F_y{}^2} \tag{1.2}$$

$$\tan\theta=\frac{F_y}{F_x} \tag{1.3}$$

となる。

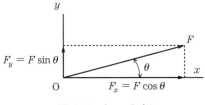

図 **1.5** 力 の 分 解

つぎに図 **1.6** に示す同一平面内にある3力 F_1, F_2, F_3 の合力 F を求める。まず，x, y の座標軸方向成分の合力 F_x, F_y は，それぞれ次式により得られる。

$$\left.\begin{array}{l}F_x=F_1\cos\theta_1+F_2\cos\theta_2-F_3\cos\theta_3\\F_y=F_1\sin\theta_1+F_2\sin\theta_2+F_3\sin\theta_3\end{array}\right\} \tag{1.4}$$

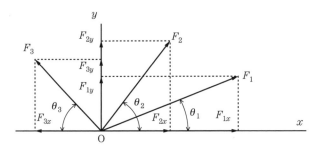

図 **1.6** 直角座標による力の分解と合成

したがって，合力の大きさ F は

$$F=\sqrt{F_x{}^2+F_y{}^2} \tag{1.5}$$

となり，その方向は

$$\tan\theta=\frac{F_y}{F_x} \tag{1.6}$$

により求められる。また，3力以上，例えば，n 個の力が働いている場合は，式（1.4）の添字3を n にすればよい。

例題 1.2 図 1.7 に示す，1 点 O に 3 力 F_1, F_2, F_3 が働いているとき，その合力 F と方向を求めよ。

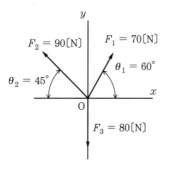

図 1.7

【解答】　まず，式 (1.4) により F_x, F_y を求めるが，その際，計算ミスを少なくするため表 1.1 のようにして整理するとよい。

表の F_x, F_y を式 (1.5) および式 (1.6) へ代入して，合力 F とその方向は，それぞれ，つぎのように求めることができる。

$$F = \sqrt{F_x^2 + F_y^2} = \sqrt{(-28.64)^2 + (44.26)^2} = 52.7 \text{ [N]}$$

$$\tan\theta = \frac{F_y}{F_x} = \frac{44.26}{-28.64} = -1.545$$

∴　$\theta = 122.91°$

表 1.1

F_{ix} [N]	F_{iy} [N]
$F_{1x} = 70\cos 60° = 35.00$	$F_{1y} = 70\sin 60° = 60.62$
$F_{2x} = -90\cos 45° = -63.64$	$F_{2y} = 90\sin 45° = 63.64$
$F_{3x} = 0$	$F_{3y} = -80$
$F_x = \sum_{i=1}^{3} F_{ix} = -28.64$	$F_y = \sum_{i=1}^{3} F_{iy} = 44.26$

1.3 1点に働く力の釣合いの条件

n 個の力が1点に作用しながら釣合いの状態にある場合,その合力は0となる。したがって,釣合いの条件は,**1.2** 節で説明した座標方向成分 F_x, F_y が0となればよい。すなわち,次式が1点に働く力の釣合いの条件である。

$$\left.\begin{array}{l} F_x = \sum_{i=1}^{n} F_{ix} = 0 \\ F_y = \sum_{i=1}^{n} F_{iy} = 0 \end{array}\right\} \tag{1.7}$$

例題 1.3 図 **1.8** に示すように座標原点 O に3力が作用している。この場合どのような力を付け加えれば釣り合うか。その力 F の大きさと方向を求めよ。

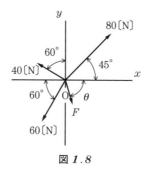

図 **1.8**

【解答】 釣合いの条件は,$F_x = 0$, $F_y = 0$ であるから

$F_x = 80 \cos 45° - 40 \sin 60° - 60 \cos 60° + F \cos \theta = 0$

$F_y = 80 \sin 45° + 40 \cos 60° - 60 \sin 60° + F \sin \theta = 0$

となる。これらより

$F \cos \theta = 8.07 \, [\text{N}]$, $F \sin \theta = -24.6 \, [\text{N}]$

を得る。したがって,合力とその方向は,それぞれ,次式となる。

$F = \sqrt{(F \cos \theta)^2 + (F \sin \theta)^2} = \sqrt{(8.07)^2 + (-24.6)^2} = 25.9 \, [\text{N}]$

$\tan \theta = \dfrac{F \sin \theta}{F \cos \theta} = \dfrac{-24.6}{8.07} = -3.048$

∴ $\theta = -71.84°$ ◇

例題 1.4 図 1.9 に示すように，ひも OA の一端 O を天井に止め他端 A に鉛直下方に 40〔N〕，水平に 30〔N〕の力を加えるとき，ひもの張力 T とその方向 θ を求めよ．

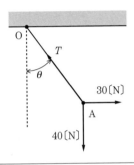

図 1.9

【解答】 釣合い条件の式（1.7）より

$$F_x = 30 - T\sin\theta = 0 \qquad (a)$$
$$F_y = T\cos\theta - 40 = 0 \qquad (b)$$

変形して

$$T\sin\theta = 30$$
$$T\cos\theta = 40$$

2乗して和をとると

$$T^2 = 30^2 + 40^2$$
$$T = 50 〔N〕$$

を得る．また，その方向は，つぎのように得られる．

$$\tan\theta = \frac{T\sin\theta}{T\cos\theta} = \frac{30}{40} = 0.75$$
$$\therefore \quad \theta = 36.87°\qquad\diamondsuit$$

1.3.1 ラ ミ の 定 理

図 1.10(a) に示すように，点 O に作用している 3 力 F_1, F_2, F_3 が釣り合っているとき，力の三角形，図(b) をつくることができる．

このとき，三角形の内角は，それぞれ $180° - \theta_1$, $180° - \theta_2$, $180° - \theta_3$ となる．この三角形に正弦定理を適用すれば，次式が得られる．

1.3 1点に働く力の釣合いの条件

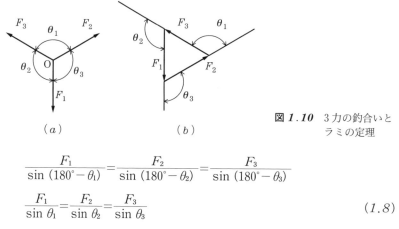

図 1.10 3力の釣合いとラミの定理

$$\frac{F_1}{\sin(180°-\theta_1)} = \frac{F_2}{\sin(180°-\theta_2)} = \frac{F_3}{\sin(180°-\theta_3)}$$

$$\frac{F_1}{\sin\theta_1} = \frac{F_2}{\sin\theta_2} = \frac{F_3}{\sin\theta_3} \tag{1.8}$$

となる。すなわち，1点に作用する3力が釣合いの状態にあれば，その大きさと作用線のなす角の間に式 (1.8) が成り立つ。これを**ラミの定理** (Lami's theorem) という。

例題 1.5 図 1.11 は，ひもにより，質量 $m=60$ [kg] を天井からつるしている状態を示す。点Aでひもが 45°，Bで 30° となった。ひも AC, BC に働く張力 F_{AC}，F_{BC} を求めよ。

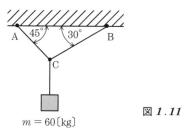

図 1.11

【解答】 点Bに作用する力の釣合い状態は図 1.12 であるから，ラミの定理より

$$\frac{588}{\sin 105°} = \frac{F_{AC}}{\sin 120°} = \frac{F_{BC}}{\sin 135°}$$

$$F_{AC} = 588 \times \frac{\sin 120°}{\sin 105°} = 527 \text{ [N]}$$

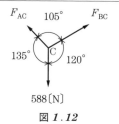

図 1.12

$$F_{BC} = 588 \times \frac{\sin 135°}{\sin 105°} = 430 \,[\text{N}] \qquad \diamondsuit$$

1.3.2 物体間に働く力の方向（摩擦を無視できる場合）

物体に働く力は，**重力**（gravity）のほかに，接触している他の物体から受ける**反力**（reaction）や**張力**（tension）等がある。

〔**1**〕**ひもによりつり下げられた物体**　　図 **1.13**（a）はひもによりつり下げられ静止している質量 m の物体を示す。この物体は重力 mg を受けるが，ひもの張力と釣り合って静止状態にある。すなわち，図（b）に示すように重力 mg とひもの張力 T_{AB} は大きさが等しく反対向きに作用し，その作用線も一致している。この図のように考慮中の物体を切り離して作用している力を明確に示す図（b）を**自由体線図**（free body diagram）という。問題を解く際，自由体線図を描いて考えることは有用である。

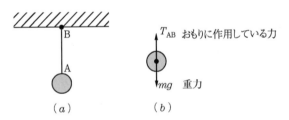

図 **1.13**　ひもにつり下げられた物体

〔**2**〕**水平な床上に置かれた物体**　　図 **1.14** は，水平な床上に置かれて静止している質量 m の物体を示す。この物体は重力 mg を受けると同時に床

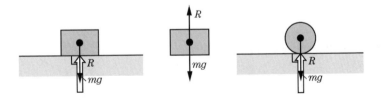

反力 R は接触面に直角

図 **1.14**　水平な床上に置かれて静止している質量 m の物体

面から反力 R を受けて静止している。この場合も重力 mg と床からの反力 R は大きさが等しく反対向きに作用している。

〔**3**〕 **点または線で他の平面と接触する場合**　図 **1.15** は，物体が点または線でほかの平面と接触する場合の反力 R の方向を示す。この場合，反力はいずれも接触平面に直角方向に作用する。

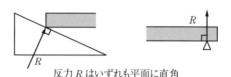

反力 R はいずれも平面に直角

図 **1.15**　点または線でほかの平面と接触する場合

〔**4**〕 **2物体が1点または線で接触する場合**　図 **1.16** は二つの物体が1点または線で接触する場合の反力 R の方向を示す。この場合，反力は共通接線に直角方向に作用する。

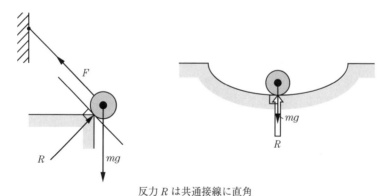

反力 R は共通接線に直角

図 **1.16**　二つの物体が1点または線で接触する場合の反力 R の方向

〔**5**〕 **支点反力**　ひもや物体間の接触によるほかに，物体を拘束する重要な機械要素として支点がある。支点は図 **1.17** に示すように通常3種類に分けられる。図(*a*)のように平面に沿って移動することが可能なだけではなく，回転も自由にできる支点を**移動支点**という。移動支点は，平面から面に垂直な反力のみを受け持つ。**回転支点**は図(*b*)のように示され，回転だけが自由で，

反力の作用線は回転の中心を通るがその方向と向きは定まらない。図(c)は**固定支点**と呼ばれ，移動も回転もできなくなり，反力のほかに力のモーメントの反作用も受ける。

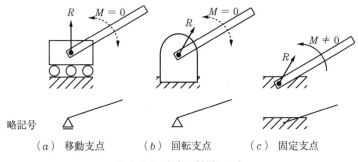

図 **1.17** 支点の種類と反力

例題 1.6 図 **1.18** は，ひも $\overline{AC}$ により，直径 60〔mm〕，質量 m〔kg〕の球が滑らかな垂直壁につり下げられている状態を示す。AB 間の距離が 40〔mm〕であるとき，ひもの張力と点 B の反力を求めよ。

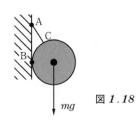

図 **1.18**

【解答】 ひもの張力を T_{AC}，点 B の反力を R_B，$\theta = \angle BAC$ とおくと自由体線図は，図 **1.19**(a) となる。これらの力を作用線上移動して，O-xy 座標の原点に集めると図(b)が得られる。したがって，釣合い式 (1.7) をつくると次式が得られる。

$$F_x = R_B - T_{AC} \sin \theta = 0 \qquad (a)$$
$$F_y = T_{AC} \cos \theta - mg = 0 \qquad (b)$$

ここで，$\overline{AB} = 40$〔mm〕，球の半径が $r = 30$〔mm〕であるので，$\sin \theta = 3/5$，$\cos \theta = 4/5$ の関係がわかる。これらを式(a)，(b)へ代入すると，ひもの張力 T_{AC} および点 B の反力 R_B は，つぎのように得られる。

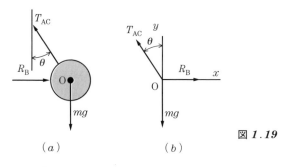

図 **1.19**

$$T_{AC} = \frac{mg}{\cos\theta} = \frac{5}{4}mg = 1.25\,mg$$

$$R_B = T\sin\theta = \frac{3}{4}mg = 0.75\,mg \qquad \diamondsuit$$

例題 1.7 図 **1.20** に示すように，点 A に一端が固定されたひもを点 A と同じ高さにあるなめらかな釘 B にかけて，他端に質量 $m_1 = 10$ 〔kg〕のおもりをつり下げる。この $\overline{AB} = l_1 = 1$ 〔m〕の中間に自由に移動できる質量 $m_2 = 14$ 〔kg〕のおもりを取り付けたところ，$\overline{AC} = \overline{BC} = l_2$ で釣り合った。l_2 の長さを求めよ。

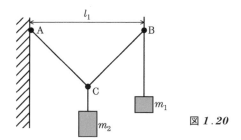

図 **1.20**

【解答】 点 C に作用する力の釣合いから求める。
O-xy 座標を図 **1.21**(a)のようにとると，y 方向の力の釣合い式は

$$F_y = m_1 g \sin\theta + m_1 g \sin\theta - m_2 g = 0 \qquad (a)$$

であるから

$$\sin\theta = \frac{m_2}{2m_1} \qquad (b)$$

$$\therefore \quad \theta = 44.43°$$

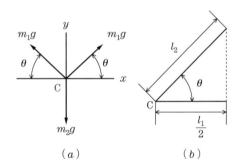

図 1.21

を得る。したがって，l_2 は図 (b) より次式によって得られる。

$$l_2 = \frac{l_1}{2\cos\theta} = 700 \text{ [mm]} \quad (c)$$

◇

例題 1.8 図 1.22 に示すように，質量 $m=500$ [kg] の物体をつるしたところロープ ACB は左右対称となった。ロープが 5 [kN] まで耐えられるものとするとき，安全につるすための角 θ はどうなるか。

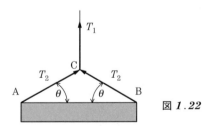

図 1.22

【解答】 点 C に集まる力 T_1，T_2 の垂直方向の力の釣合いから

$$T_1 - 2T_2\sin\theta = 0$$

$$T_2 = \frac{T_1}{2\sin\theta}$$

となる。また，角 θ はつぎのように求められる。

$$\sin\theta = \frac{T_1}{2T_2} = \frac{500 \times 9.80}{2 \times 5\,000} = 0.49$$

$$\therefore \quad \theta = 29.34°$$

したがって，29.34° 以上の角であれば安全である。 ◇

1.4 力のモーメント

図 **1.23** は,点 O を通る軸の周りで回転できる物体の点 A に力 F が働いている状態を示す。この物体は点 O の周りを回転し始めるが,このとき力 F の大きさと点 O から力 F の作用線までの距離 $\overline{OB}$（この距離 l を腕の長さという）が長いほど回転させる作用は大きくなる。このように物体を回転させようとする作用を**力のモーメント**（moment of force）という。その大きさを M_O で表示すると次式により与えられる。

$$M_O = Fl \tag{1.9}$$

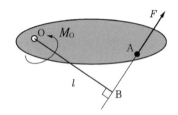

図 **1.23** 力のモーメント

力のモーメントの符号は,通常,反時計回りを＋(正),時計回りを－(負)にとる。また,力のモーメントの単位は,〔N・m〕である。

点 A に作用する 2 力 F_1, F_2 とその合力 F について,点 O に関する力のモーメントについて考えてみよう。図 **1.24** は,点 A を原点,$\overline{OA}$ を y 軸とする直角座標に F_1, F_2, 合力 F をとる。これらと x 軸とのなす角をそれぞれ θ_1, θ_2, θ とし,腕の長さを l_1, l_2, l とすれば,次式が得られる。

$l_1 = \overline{OA} \cos \theta_1$
$l_2 = \overline{OA} \cos \theta_2$
$l = \overline{OA} \cos \theta$

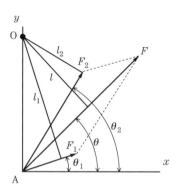

図 **1.24** 2 力のモーメントとその合力のモーメント

また，点Oに関する F_1, F_2, F のモーメントをそれぞれ M_1, M_2, M とすれば

$$M_1 = F_1 l_1 = F_1 \overline{OA} \cos \theta_1 \tag{1.10}$$

$$M_2 = F_2 l_2 = F_2 \overline{OA} \cos \theta_2 \tag{1.11}$$

$$M = Fl = F \overline{OA} \cos \theta \tag{1.12}$$

が得られる。ここで F は F_1, F_2 の合力であるので，その x 方向成分から

$$F_1 \cos \theta_1 + F_2 \cos \theta_2 = F \cos \theta \tag{1.13}$$

の関係が成立する。したがって，式 (1.10) 〜式 (1.13) より

$$M_1 + M_2 = M \tag{1.14}$$

が得られる。つまり，1点に作用する2力のモーメントの和は，その合力のモーメントに等しいことがわかる。このことは3力以上の場合でも同様に成立する。

例題 1.9 図 1.25 に示すように，点Aを着力点として水平と 60°下方に傾けられた $F=5$〔kN〕の原点Oに関する力のモーメント M_O を求めよ。

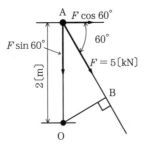

図 1.25

【解答】 力 F を x, y 座標方向に分解すると y 方向成分は腕の長さを持たないためモーメントの計算から除外できるので次式となる。

$$M_O = -5 \cos 60° \times 2 = -5 \times 0.5 \times 2 = -5.00 \text{〔kN·m〕}$$

【別解】 力 F の作用線上に点Oから垂線 $\overline{OB}$ を下ろす。その場合，力のモーメントは，力 F と腕の長さ $\overline{OB}$ の積として $M_O = -F \times 2 \cos 60°$ となる。このように考えても結果は等しくなることに注意しよう。 ◇

例題 1.10 図 1.26 に示す平行な 4 力の点 A に関する合力のモーメント M_A を求めよ。

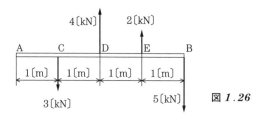

図 1.26

【解答】 反時計回りを正とすると
$$M_A = -3\times1+4\times2+2\times3-5\times4 = -9.00 \text{ [kN·m]}$$
となる。 ◇

演 習 問 題

【1】 60 [N] と 40 [N] の力が 30° の角をなして作用しているとき，その合力 F の大きさと合力 F が 40 [N] の力となす角 θ を求めよ。

【2】 垂直下向きに 100 [N] の力と水平と上向き 30° をなす 100 [N] の力の合力 F とその方向 θ を求めよ。

【3】 問図 1.1 に示すように質量 m の円筒が水平とのなす角 30° の斜面と垂直な壁の間にある。接触点 A，B の反力 R_A，R_B を求めよ。

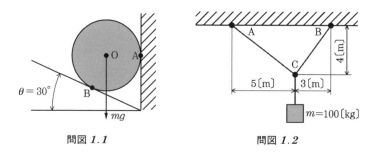

問図 1.1   問図 1.2

【4】 問図 1.2 に示すように点 A と点 B により天井に固定されたひも ACB の点 C に質量 100 [kg] のおもりをつるした。張力 T_{AC}，T_{BC} を求めよ。

【5】 問図 **1.3** に示すように，ひも AB が剛体壁に固定され質量 m の物体を点 C でつり下げられている。角 θ_1，θ_2 がそれぞれ 45°，30° のとき，ひもの張力 T_{AC}，T_{BC} を求めよ。

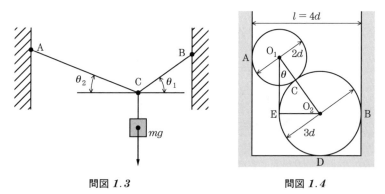

問図 **1.3**　　　　　　　　　　問図 **1.4**

【6】 問図 **1.4** に示すように，両側面が垂直な溝に直径 $2d$，$3d$，質量が m，$4m$ の 2 個の円柱が入れられている。これらの接触面の反力 R_A，R_B，R_C，R_D を求めよ。ただし，溝の幅は，$l=4d$ とする。また，$d=60$〔mm〕，$m=30$ 〔kg〕として数値計算をしてみよ。

【7】 問図 **1.5** に示すように棒 AB が一端をピン A により垂直な壁に固定され他端 B はひも BC により水平に支えられている。点 B に質量 m の物体をつり下げるとき，棒 AB に作用する力 F_{AB} とひもの張力 T_{BC} を求めよ。ただし，おもりの質量は $m=10$〔kg〕，角 $\theta=30°$ する。また，棒およびひもの質量は無視できるものとする。

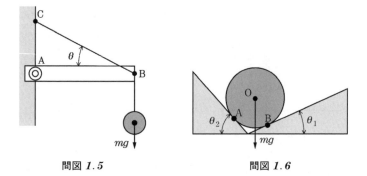

問図 **1.5**　　　　　　　　　　問図 **1.6**

【8】 問図 1.6 に示すように質量 $m=60$〔kg〕の円柱が水平とのなす角 $\theta_1=30°$, $\theta_2=45°$ の溝に入っている。この物体が壁面から受ける反力 R_A, R_B を求めよ。

【9】 問図 1.7 に示すように質量 $m_1=90$〔kg〕, $m_2=30$〔kg〕の二つの円柱が水平とのなす角 $\theta_1=60°$, $\theta_2=30°$ の溝に入っている。この物体が壁面から受ける反力 R_A, R_B および両円柱がたがいに及ぼし合う反力 R_D を求めよ。また，両円柱の中心を結ぶ線分が水平とのなす角 θ を求めよ。

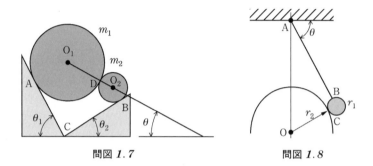

問図 1.7　　　　問図 1.8

【10】 問図 1.8 に示すように点 A により天井に固定されたひも AB により他端点 B で質量 $m=10$〔kg〕, 半径 r_1 の小球がつるされ，半径 r_2 の大球上で静止している。点 A の角 $\theta=60°$ とし，$\overline{OA}:(r_1+r_2)=2:1$ とするとき，ひもの張力 T_{AB} と大球から受ける反力 R_C を求めよ。

【11】 問図 1.9 に示す平行力の合力 F の大きさと向きを求めよ。

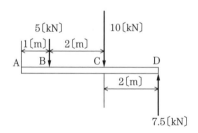

問図 1.9

2

剛体に働く力

　実際にはどのような物体でも力を加えることにより変形する。しかし，その変形が物体の大きさに比較して小さいときや運動に対して影響が及ばないような場合は，その物体は，剛体とみなすことができる。本章では剛体に作用する力について学ぶとともに鉄骨構造物として代表的なトラスの解析についても触れておく。

2.1　着力点の異なる力の合成

　図 2.1 に示すように，物体の各点 A，B，C，… に，力 F_1，F_2，F_3，… が作用する場合の合力について考えてみる。図 2.2 に示す i 番目の力 F_i の x，y 方向成分は，式 (1.1) を用いて表すことができる。その場合，点 O に関する力のモーメントは，次式となる。

$$M_0 = (F_{iy}x_i - F_{ix}y_i)$$

したがって，x 軸方向，y 軸方向の合力および合力のモーメントは

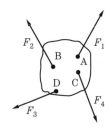
図 2.1　着力点の異なる力

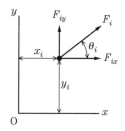
図 2.2　力の分力とモーメント

$$F_x = \sum_{i=1}^{n} F_{ix}$$
$$F_y = \sum_{i=1}^{n} F_{iy} \qquad (2.1)$$
$$M_O = \sum_{i=1}^{n} (F_{iy}x_i - F_{ix}y_i)$$

となり，合力 F および合力と x 軸とのなす角 θ は

$$F = \sqrt{F_x^2 + F_y^2} \qquad (2.2)$$

$$\tan\theta = \frac{F_y}{F_x} \qquad (2.3)$$

となる．また，合力 F の原点 O からの距離 l（腕の長さ）は

$$l = \frac{M_O}{F} \qquad (2.4)$$

により求められる．すなわち，この力系の合力は，大きさが式 (2.2)，方向は式 (2.3) で与えられ，原点 O から距離 l の一つの合力 F となる．

例題 2.1 図 2.3 に示す4力の合力の大きさ，方向，原点 O から合力の作用線までの距離〔m〕を求めよ．

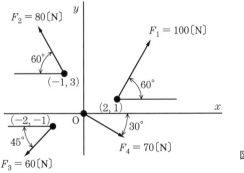

図 2.3

【解答】 式 (2.1) の計算を**表 2.1** にして整理する．
したがって，合力 F の大きさ，方向，腕の長さは，次式により得られ，**図 2.4** のように示される．

$$F = \sqrt{F_x^2 + F_y^2} = \sqrt{28.19^2 + 78.45^2} = 83.36 = 83.4 \text{〔N〕}$$

22   2. 剛体に働く力

表 2.1

F_{ix}[N]	F_{iy}[N]	x_i	y_i	$F_{iy}x$	$F_{ix}y$	$F_{iy}x - F_{ix}y$
$F_{1x}=100\cos 60°=50.00$	$F_{1y}=100\sin 60°=86.60$	2	1	173.20	50.0	123.20
$F_{2x}=-80\cos 60°=-40.00$	$F_{2y}=80\sin 60°=69.28$	-1	3	-69.28	-120.0	50.72
$F_{3x}=-60\cos 45°=-42.43$	$F_{3y}=-60\sin 45°=-42.43$	-2	-1	84.85	42.43	42.42
$F_{4x}=70\cos 30°=60.62$	$F_{4y}=-70\sin 30°=-35.00$	0	0	0	0	0

$F_x = 28.19$[N] $F_y = 78.45$[N] $M_\text{O} = 216.34$[N·m]

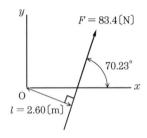

図 2.4

$$\tan\theta = \frac{F_y}{F_x} = \frac{78.45}{28.19} = 2.7829$$

$\therefore\ \theta = 70.23°$

$$l = \frac{M_\text{O}}{F} = 2.60\,[\text{m}]$$

◇

2.2 偶力と偶力のモーメント

「大きさが等しく逆向きの平行な2力の合力は0となるが回転させる能力は持つ」。このような2力を**偶力** (couple) という。**図 2.5** に, 点Aおよび点Bに作用する大きさ F の2力による偶力を示す。2力の作用線間の最短距離 a を**偶力の腕** (arm of couple) という。

この2力の合力は0となるが, 任意にとられた座標原点Oに関する2力のモーメントは

$$M = (F \times \overline{\text{OB}} - F \times \overline{\text{OA}}) = F(\overline{\text{OB}} - \overline{\text{OA}}) = F \times a \qquad (2.5)$$

となる。このモーメントを**偶力のモーメント** (moment of couple) という。

ここで, 原点は任意にとってあるので, 偶力のモーメントの大きさは, 点O

2.2 偶力と偶力のモーメント　　23

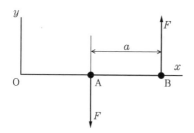

図 **2.5**　偶力と偶力のモーメント

の位置に無関係に一定となる。

例題 2.2　図 **2.6** に示すように平面上の四辺形 ABCD の各辺に沿って 2 組の偶力 $F_1 = 150$ [N] と $F_2 = 200$ [N] が作用している。これら二つの偶力を，同じ平面上において辺 AB に平行な腕 $a = 800$ [mm] だけ離れた平行線に働く偶力に置き換えたときの偶力 F の大きさを求めよ。

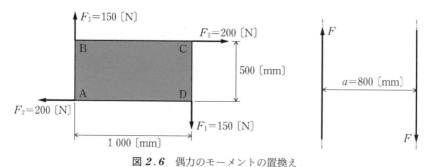

図 **2.6**　偶力のモーメントの置換え

【解答】 二つの偶力のモーメントはそれぞれ，$M_1 = 150 \times (-1) = -150$ [N·m]，$M_2 = 200 \times (-0.5) = -100$ [N·m] である。したがって，モーメントの合計は
$$M = M_1 + M_2 = -150 + (-100) = -250 \text{ [N·m]}$$
となる。与えられた腕の長さは $a = 800$ [mm] であるから，偶力 F のモーメントは
$$M = F \times a = -250 \text{ [N·m]}$$
よって，偶力は
$$F = -\frac{250}{0.8} = -312.5 \text{ [N]}$$
すなわち，偶力の大きさは $F = 313$ [N] である。　　　　　　◇

2.3 力の置換え

図 2.7(a) のように,棒上において距離 d だけ離れた $\overline{OA}$ の点 A に力 F が鉛直上方向に作用している。ここで,図(b) のように,点 O に大きさが同じで向きが鉛直上方向と鉛直下方向の二つの力 F を加えたと考えると,この 2 力は釣り合っているから図(a)のまま状態は変わらないはずである。ところが,図(c) のように,点 A に働く鉛直上方向の力と点 O に働く鉛直下方向の力 F は 2.2 節で述べた偶力のモーメント $M=Fd$ を形成し,同時に点 O に働く鉛直上方向の力 F だけが残ることになる。すなわち,棒 $\overline{OA}$ の点 A に働く力 F の作用は,点 O に働く力のモーメント $M=Fd$ と点 O に働く力 F に置き換えることができる。

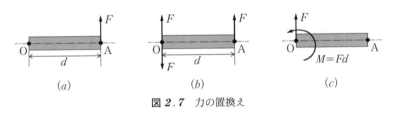

図 2.7 力の置換え

例題 2.3 図 2.8 のような三つの力が与えられているとき,つぎの(1)〜(3)を求めよ。

(1) 合力 F の大きさおよび x 軸となす角度 α
(2) 原点 O に関する合力 F のモーメント M。

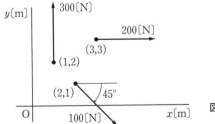

図 2.8 力の置換え

（3） 原点 O から合力の作用線までの距離 d

【解答】 表 2.2 のように 3 力の x, y 方向成分を求め，つぎに力の各成分によるモーメントを計算する。

（1） 合力 F の大きさは
$$F=\sqrt{270.7^2+229.3^2}=354.8=355\,[\text{N}]$$
合力が x 軸となす角度 α は
$$\alpha=\tan^{-1}\frac{229.3}{270.7}=40.27°$$

（2） 原点 O に関する合力のモーメント M_0 は
$$M_0=-512.1\,[\text{N·m}]$$

（3） 原点 O から作用線までの距離 d は
$$d=\left|\frac{M}{F}\right|=\frac{512.1}{354.8}=1.44\,[\text{m}]$$

となる。

表 2.2

F [N]	θ	F_x [N]	F_y [N]	$M_0=F_y x - F_x y$ [N·m]
100	45°	70.7	−70.7	−212.1
200	0°	200	0	−600
300	90°	0	300	300
		270.7	229.3	−512.1

◇

2.4 着力点の異なる力の釣合い

着力点を異にして同一平面上に多くの力が作用する場合の釣合いの条件は，式（2.1）の合力 F_x，F_y および M_0 が 0 となればよい。すなわち，釣合いの条件式は次式となる。

$$\left.\begin{aligned}F_x&=\sum_{i=1}^{n}F_{ix}=0\\F_y&=\sum_{i=1}^{n}F_{iy}=0\\M_0&=\sum_{i=1}^{n}(F_{iy}x_i-F_{ix}y_i)=0\end{aligned}\right\} \qquad(2.6)$$

例題2.4 図2.9に示すように棒ABが点Bでピンにより結合され，点Aで質量 m のおもりをつり下げている。また，棒の中央点Cでロープ CD により水平に支えられている。角 $\theta=30°$，おもりの質量 $m=100$ [kg] とするときロープの張力 T と点Bの反力 R_B を求めよ。ただし，棒とロープの質量は無視できるものとする。

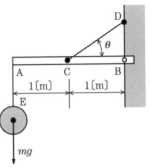

図2.9

【解答】 棒ABの自由体線図は，図2.10となる。この場合，未知の力 R_{Bx}, R_{By} の向きは，座標軸の＋の方向と仮定する。この問題のように剛体の棒にいくつかの力が作用している場合は，棒に作用する力のほかに，力のモーメントを計算するために作用点の位置も示す必要がある。

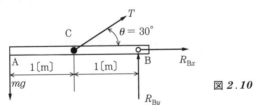

図2.10

図から式 (2.6) は，それぞれ次式となる。

$F_x = R_{Bx} + T \cos 30° = 0$ （a）

$F_y = R_{By} + T \sin 30° - mg = 0$ （b）

$M_B = mg \times 2 - T \sin 30° \times 1 = 0$ （c）

以上3式より

$T = 3.92$ [kN]

$R_{Bx} = -3.40$ [kN]

$R_{By} = -980$ [N]

となる。ここで，負の符号は最初に仮定した R_{Bx}, R_{By} の向きと実際は逆であることを示す。したがって，R_B は，つぎのように求めることができ，その方向 θ_{R_B} は図 **2.11** となる。

$$R_B = \sqrt{R_{Bx}^2 + R_{By}^2} = \sqrt{(-3\,395)^2 + (-980)^2} = 3.53\,[\text{kN}] \quad (d)$$

$$\tan\theta_{R_B} = \frac{R_{By}}{R_{Bx}} = \frac{-980}{-3\,395} = 0.288\,7 \quad (e)$$

$$\therefore\quad \theta_{R_B} = 196.10° \quad (f)$$

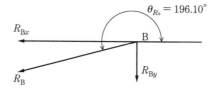

図 **2.11** 反力 R_B の方向

【ポイント】 力学の問題を解く場合，問題図や自由体線図を正確に描くことはきわめて重要である。自由体線図を描くことによって，現在どの部分を考えているのか，既知の力，長さはどれで，未知数はなにかを明確にすることができる。

特に，「自由体線図」を注意深く描いているとき，問題を解く「鍵」が発見されるケースが多いので作図する習慣を身につけるとよい。　　　　　　　　　　◇

例題 2.5 図 **2.12** に示すように，太さが一様な長さ $2l$，質量 m の棒 AB をなめらかな垂直壁面と水平面に立てかけて置きたい。水平面と点 B のなす角を θ とするとき，点 B にどれほどの水平力 F が必要か。

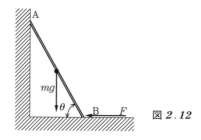

図 **2.12**

【解答】 点 A の反力を R_A，点 B の反力を R_B とすると，棒 AB の自由体線図は図 **2.13** となる。

したがって，力の釣合い式および点 B に関する力のモーメントの釣合い式からつぎのようなる。

28   2. 剛体に働く力

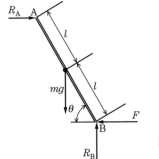

図 2.13

$$F_x = R_A - F = 0 \quad (a)$$
$$F_y = R_B - mg = 0 \quad (b)$$
$$M_B = mg \times l \cos\theta - R_A \times 2l \sin\theta = 0 \quad (c)$$

式(a)より，$F = R_A$ となり，式(c)より，$R_A = (1/2)\,mg \cot\theta$ であるので，F は次式となる。

$$F = \frac{1}{2} mg \cot\theta \qquad \diamondsuit$$

例題 2.6　図 2.14 に示すはりの支点反力 R_A，R_B を求めよ。

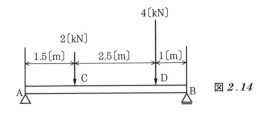

図 2.14

【解答】　支点 A に関する力のモーメントの釣合いより
$$M_A = R_B \times (1.5 + 2.5 + 1) - 2 \times 1.5 - 4 \times (1.5 + 2.5) = 0$$
$$\therefore \quad R_B = 3.80\,[\mathrm{kN}]$$

を得る。つぎに，支点 B に関する力のモーメントの釣合いから
$$M_B = -R_A \times 5 + 4 \times 1 + 2 \times 3.5 = 0$$
$$\therefore \quad R_A = 2.20\,[\mathrm{kN}]$$

となる。なお，垂直方向の力の釣合いから $R_A + R_B = 2 + 4$ となるが，これは上記の確かめ算として利用すると便利である。　　$\diamondsuit$

例題 2.7 図 2.15 に示す張り出しばりの支点反力 R_A, R_C を求めよ。

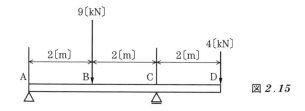

図 2.15

【解答】 支点 A に関する力のモーメントの釣合いより
$$M_A = R_C \times (2+2) - 9 \times 2 - 4 \times (2+2+2) = 0$$
$$\therefore \quad R_C = 10.5 [\text{kN}]$$

を得る。つぎに，支点 C に関する力のモーメントの釣合いから
$$M_B = -R_A \times 4 + 9 \times 2 - 4 \times 2 = 0$$
$$\therefore \quad R_A = 2.50 [\text{kN}]$$

となる。なお，$R_A + R_C = 13 [\text{kN}]$ となることを確かめておくとよい。 ◇

■ 3力の釣合い

図 2.16 に示すように，F_1, F_2, F_3 が釣り合うためには，F_1 と F_2 の合力 F_{12} と F_3 は，同一作用線上で大きさが等しく逆向きでなければならない。したがって，同一平面に作用している着力点の異なる3力が釣り合う場合には力の作用線は1点で交わる必要がある。

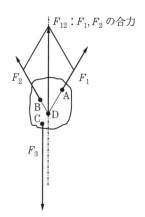

図 2.16 3力の釣合い

【例題 2.4 の別解】 釣合い状態にある 3 力は作用線が 1 点で交わらなければならない。したがって，図 2.17(a) のようにロープの張力 T の作用線とおもりの重力 mg の作用線との交点 K とピン B を結ぶ直線が，点 B の反力の作用線と一致しなければならない。

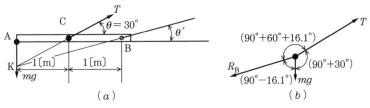

図 2.17

したがって，θ' は

$$\overline{AK} = \overline{AC} \tan 30° = 1 \times \frac{1}{\sqrt{3}}$$

の関係があるので

$$\tan \theta' = \frac{\overline{AK}}{\overline{AB}} = \frac{1}{2\sqrt{3}} = 0.2887 \quad \therefore \quad \theta' = 16.10°$$

となる。図(b)のように作用線上に力を移動させ，ラミの定理を用いて

$$\frac{T}{\sin 73.9°} = \frac{R_B}{\sin 120°} = \frac{mg}{\sin 166.1°}$$

$$T = \frac{mg \sin 73.9°}{\sin 166.1°} = 4mg = 4 \times 100 \times 9.80 = 3.92 \,[\text{kN}]$$

$$R_B = \frac{mg \sin 120°}{\sin 166.1°} = 3.61 mg = 3.61 \times 100 \times 9.80 = 3.53 \,[\text{kN}]$$

のように得られる。　◇

例題 2.8 図 2.18 に示すように一様な長さ l の棒 AB が垂直な壁と壁面から距離 a だけ離れた位置に壁面に平行に設置されたピン O により支えられている。すべての接触面で摩擦がなくても釣り合うための角 θ を求めよ。

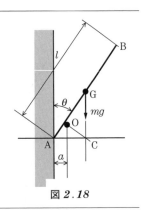

図 2.18

【解答】 棒 AB に作用する力は，重心に働く鉛直下方の重力 mg と壁面 A から受ける面に垂直な反力 R_A およびピン O からの棒に垂直な反力 R_O である。釣合いの条件よりこの 3 力の作用線は 1 点 C で交わらなければならない。

したがって，図より

$$\overline{AC} = \frac{l}{2}\sin\theta$$

の関係がある。また

$$\overline{AO} = \overline{AC}\sin\theta = \frac{l}{2}\sin^2\theta$$

の関係があるので

$$a = \overline{AO}\sin\theta = \frac{l}{2}\sin^3\theta$$

となる。したがって，角 θ は

$$\sin^3\theta = 2\frac{a}{l}$$

で与えられる。

例題 2.9 図 2.19 に示すように，半径 r の半球形のピット内で長さ $l = 3r$，質量 m の一様な棒 AB が静止している。摩擦を無視するとき，水平とのなす角 θ および点 A，点 C の反力 R_A, R_C を求めよ。

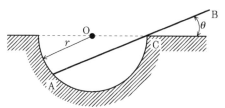

図 2.19

【解答】 反力 R_A の作用線は，共通接線に直角であるので円の中心を通る。また，反力 R_C は，棒 AB に対し直角に作用する。この 2 力と棒の重力 mg の 3 力が釣り合うので作用線は点 P で交わる。図 2.20 から点 P は，半径 r の円周上になければならない。

このことから

$$\overline{AD} = \frac{l}{2}\cos\theta = 2r\cos 2\theta \tag{a}$$

となることがわかる。また

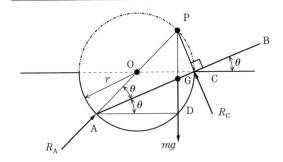

図 2.20

$$\cos 2\theta = 2\cos^2\theta - 1 \qquad (b)$$

であるから，式（a）より

$$8\cos^2\theta - 3\cos\theta - 4 = 0 \qquad (c)$$

となり，解の公式を適用して

$$\cos\theta = \frac{3 \pm \sqrt{137}}{16} = 0.919 \quad \text{または} \quad -0.544$$

となるが，この場合 $\cos\theta$ は，負の値をとらないので

$$\theta = 23.21° \qquad (d)$$

を得る．また，釣合いの方程式は

$$R_A \cos 2\theta - R_C \sin\theta = 0 \qquad (e)$$

$$R_A \sin 2\theta + R_C \cos\theta - mg = 0 \qquad (f)$$

$$R_C \, 2r\cos\theta - mg\frac{l}{2}\cos\theta = 0 \qquad (g)$$

であるので，式（g）および式（e）より

$$R_C = \frac{3mg}{4} = 0.750\ mg$$

$$R_A = \frac{R_C \sin\theta}{\cos 2\theta} = 0.429\ mg$$

を得る． ◇

2.5 トラス

　鉄橋，クレーン，鉄塔の構造に見られるように，多くの棒状の**部材**（member）を組み合わせてつくられた構造物がある．このような構造物を骨組構造といい，部材の連結点を**節点**（joint）という．これらの骨組構造物のうち，節点がピンで結合され回転が自由なものを**トラス**（truss）という．ここでは，ト

ラスに作用する外力が同一平面上にある平面トラスについて考えることにする。

トラスに外力が作用し各部材や節点のピンに働く力を求める際，通常，つぎの仮定を用いる。

① ピンと部材，部材と部材などの間には摩擦力が働かない。
② 外力はピンに作用し部材には直接働かない。
③ 部材に働く重力は外力に比較して小さいものとしてこれを無視する。
④ 部材およびピンは剛体とする。

以上の仮定に従うと部材が受ける力は，ピンからの作用だけとなるので，図 **2.21** に示すように両節点のピンの中心を通る線を力の作用線として持つ。したがって部材は，両端のピンから引張力または圧縮力のみを受けることになる。図(a)のように引張力を受ける部材を**引張材**(tension member)といい，図(b)のように圧縮力を受ける部材を**圧縮材**(compression member)という。

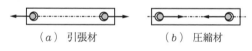

(a) 引張材　　　(b) 圧縮材

図 **2.21** 部材がピンから受ける力

2.5.1 節点法

トラスの部材に作用する力を求める方法に**節点法** (method of joint) がある。この方法は，初めに支点反力等の外力をトラス全体の釣合いから求め，つぎに節点のピンに集まる力の釣合いから順次部材力を決定していく。このとき注意をしなければならないのは，平面トラスの場合，ピンに集まる力の釣合い条件式は，式 (1.7) の x, y 軸方向の 2 式となるので，「未知の部材力が 2 個以内の節点から解いていくようにしなければならない」ということである。

例題 2.10 図 **2.22** は，5 本の部材からなるトラスを示している。図のように点 D に 40 [N] の負荷がかかっているとき，各部材に作用する力を求めよ。

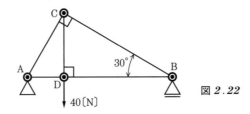

図 2.22

【解答】 初めに，支点反力 R_A，R_B を求める。トラス全体の y 軸方向の力の釣合い式は

$$R_A + R_B - 40 = 0 \tag{a}$$

である。つぎに，三角形 ACD，ABC はともに 30°，60° の角を持つ直角三角形であるので，$\overline{AD}=1$ とすると $\overline{AB}=4$ となることに注意して，点 A に関する力のモーメントの釣合い式をつくると

$$M_A = R_B \times 4 - 40 \times 1 = 0 \tag{b}$$

$$\therefore\ R_B = 10 \text{[N]} \tag{c}$$

が得られる。つぎに点 B に関する力のモーメントの釣合い式をつくると

$$M_B = -R_A \times 4 + 40 \times 3 = 0$$

$$\therefore\ R_A = 30 \text{[N]} \tag{d}$$

を得る。ここまでが節点法を用いる前の準備である。

未知の部材力が 2 個以内の節点は A，B の 2 点であるので，点 A から始めてみる。未知の部材力 F_{AC}，F_{AD} をともに引張材と仮定すると点 A に集まる力は，図 2.23 となる（この図は，ピン A の自由体線図である）。

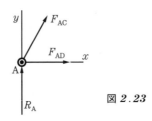

図 2.23

x 方向および y 方向の力の釣合い式から

$$F_x = F_{AD} + F_{AC} \cos 60° = 0 \tag{e}$$

$$F_y = R_A + F_{AC} \sin 60° = 0 \tag{f}$$

$$\therefore\ F_{AC} = \frac{-R_A}{\sin 60°} = -34.6 \text{[N]} \tag{g}$$

$$\therefore\ F_{AD} = -F_{AC} \cos 60° = 17.3 \text{[N]} \tag{h}$$

を得る。ここで，部材力 F_{AC} に負の符号がついたのは，初めの仮定，すなわち引張材と仮定したが実際は圧縮材であったことを意味している。

つぎにピンCについて考えると，この点に集まる力は F_{AC}, F_{CD}, F_{BC} の3力であるが，F_{AC} は，いま求めたので未知の部材力は，F_{CD}, F_{BC} の2力である。**図2.24**は，未知の部材力 F_{BC}, F_{CD} を引張材と仮定したピンCの自由体線図である。

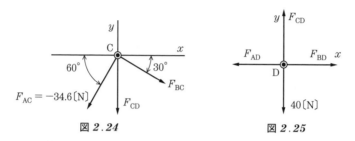

図2.24　　　　図2.25

力の釣合い式より

$$F_x = F_{BC}\cos 30° - F_{AC}\cos 60° = 0 \tag{i}$$

$$F_y = -F_{AC}\sin 60° - F_{BC}\sin 30° - F_{CD} = 0 \tag{j}$$

$$\therefore\ F_{BC} = \frac{F_{AC}\cos 60°}{\cos 30°} = -20\,[\mathrm{N}] \tag{k}$$

$$\therefore\ F_{CD} = -F_{AC}\sin 60° - F_{BC}\sin 30° = 40\,[\mathrm{N}] \tag{l}$$

が得られる。最後にピンDに集まる力は，**図2.25**となるので，力の釣合い式から

$$F_x = F_{BD} - F_{AD} = 0 \tag{m}$$

$$F_y = F_{CD} - 40 = 0 \tag{n}$$

$$F_{BD} = F_{AD} = 17.3\,[\mathrm{N}] \tag{o}$$

を得る。これらをまとめて整理すると以下の結果となる。

$R_A = 30\,[\mathrm{N}]$,　$R_B = 10\,[\mathrm{N}]$

$F_{AC} = 34.6\,[\mathrm{N}]$　　圧縮材　　　　$F_{AD} = 17.3\,[\mathrm{N}]$　　引張材

$F_{BC} = 20.0\,[\mathrm{N}]$　　圧縮材　　　　$F_{BD} = 17.3\,[\mathrm{N}]$　　引張材

$F_{CD} = 40.0\,[\mathrm{N}]$　　引張材　　　　　　　　　　　　　　　◇

2.5.2　切　断　法

この方法は，支点反力等の外力をトラス全体の釣合いから求めるところまで

は節点法と同じである。節点法では，未知の部材力が2個以内の節点を順次解かなければならないのに対し，**切断法**（method of section）は，求めようとする部材を通る断面を切断して，この切断面の部材力を外力と同等にみなし，切り離されたどちらか一方の部分の自由体線図をつくることによって，その部分の釣合いから対象とする部材力を得ようとするものである。ただし，方程式は x および y 軸方向の釣合い式と力のモーメントの釣合い式の3式から求めるので未知の部材力は3個に制限される。

例題 2.11 図 2.26 に示すトラスの部材に働く力 F_{DE}，F_{DH}，F_{GH} を求めよ。

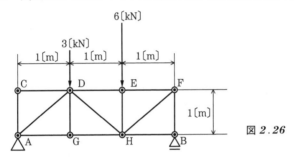

図 2.26

【解答】 初めに節点法と同様に支点反力 R_A，R_B を求める。つぎに，図 2.27(a) のように求めようとする部材のところで切断して考える。切断したのち，図(b) のように一方の部分 AGDC を一個の剛体と考え自由体線図をつくり，求める部材力 F_{DE}，F_{DH}，F_{GH} を外力と同じように表示する。この図では，すべての部材力は引張力と仮定して表示している。

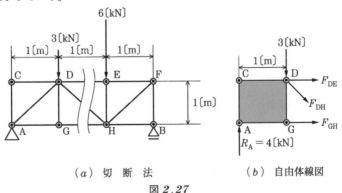

図 2.27

反力 R_A と R_B を求める．トラス全体の y 軸方向の力の釣合い式は

$$R_A + R_B - 3 - 6 = 0 \tag{a}$$

つぎに，点 A に関する力のモーメントの釣合い式をつくると

$$M_A = R_B \times 3 - 3 \times 1 - 6 \times 2 = 0 \tag{b}$$

$$R_B = 5 \text{[kN]} \tag{c}$$

が得られる．y 方向の力の釣合い式から

$$R_A = 4 \text{[kN]} \tag{d}$$

を得る．ここまでは節点法の場合と同様，切断法を適用するための準備段階である．

つぎに，切断された左側の部分の自由体線図は図(b)となる．この部分の釣合い方程式は

$$F_x = F_{DE} + F_{DH} \cos 45° + F_{GH} = 0 \tag{e}$$

$$F_y = R_A - 3 - F_{DH} \sin 45° = 0 \tag{f}$$

$$M_D = F_{GH} \times 1 - 4 \times 1 = 0 \tag{g}$$

となる．これらの式より

$F_{GH} = 4.00$ [kN]　引張材　　　$F_{DH} = 1.41$ [kN]　引張材

$F_{DE} = 5.00$ [kN]　圧縮材

が得られる． ◇

演 習 問 題

【1】 問図 2.1 に示す，はりに作用している 4 力の合力 F とその作用点および支点反力 R_A, R_B を求めよ．

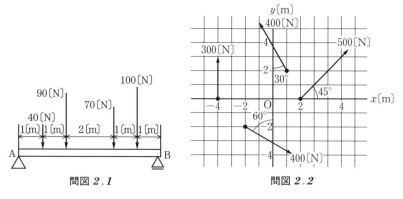

問図 2.1　　　　　　問図 2.2

【2】 問図 2.2 のような 4 力の合力 F（大きさ，向き），原点 O に関する力のモーメント M_O および合力の作用線の原点 O からの距離 d を求めよ．

【3】 問図 2.3 に示すはりに作用している2力の合力 F と偶力の大きさおよび支点反力 R_A, R_B を求めよ。

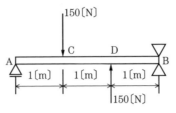

問図 2.3

【4】 問図 2.4 に示すように長さ $2l$ の棒 AB が一端を回転自由なピン B により垂直な壁に固定され，点 A に垂直な力 $F=100$〔N〕が作用している。水平に張られたロープ CD により棒の中点 C で支えたところ壁面とのなす角が $\theta=30°$ となった。棒とロープの質量を無視するとき，点 B の反力 R_B とひもの張力 T を求めよ。

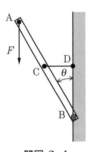

問図 2.4

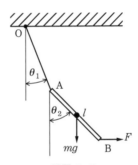

問図 2.5

【5】 問図 2.5 に示すように長さ l, 質量 m の棒 AB が一端を天井に糸でつるされ，他端 B に水平力 F を加えられて釣り合っている。糸と棒との垂直線に対する角 θ_1, θ_2 を求めよ。

【6】 問図 2.6 のように長さ $2l$, 質量 m の棒 AB が，B 端で糸により支えられ，糸の他端は垂直な壁の点 C に結ばれ，棒の他端は，点 A で垂直な壁で支えられている。∠OBA=θ_1，∠OBC=θ_2 とするとき，糸の張力 T を求めよ。ただし，摩擦はないものとする。

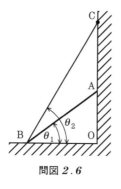
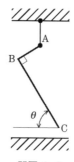

問図 2.6 　　　　　　　問図 2.7

【7】 問図 2.7 に示す棒 ABC は，全長 1 [m] の一様な針金を点 B で直角に曲げたものである。この針金が点 A で天井から糸でつり下げられているとき，$\overline{BC}$ と水平とのなす角 θ を求めよ。ただし，$\overline{AB}$ の長さは，200 [mm] である。

【8】 問図 2.8 に示すような段付円柱を用いた巻上機においてドラム A の外周に $F=2$ [kN] の接線力が作用するとき，巻き上げ得る最大質量の大きさ m [kg] と軸受に作用する反力 R の大きさと方向 θ を求めよ。ただし，ドラム A の直径を 500 [mm] とし，ドラム B の直径は 200 [mm] とする。

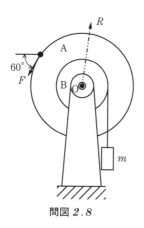
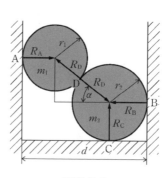

問図 2.8 　　　　　　　問図 2.9

【9】 問図 2.9 のように幅 d のかごに 2 本の丸木が置かれている。それぞれの丸木の半径を r_1，r_2，また質量を m_1，m_2 とするとき，かごとの接点 A，B，C から受ける反力 R_A，R_B，R_C および丸木の接触点 D に働く反力 R_D を求めよ。ただし，丸木とかごとの間に働く摩擦力は考えない。

【10】問図 2.10 に示すように，水平とのなす角 α の壁面とその壁面と 90°の斜面を持つ壁の間に長さ l，質量 m の棒 AB が置かれて釣り合っている。摩擦を無視するとき，角 θ は，どうなるか。

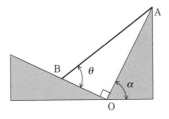

問図 2.10

【11】問図 2.11 に示すように，天井の 2 点 A，B に固定された一様なロープの中央 C に質量 m〔kg〕のおもりをつるしたところ，点 A においてロープは鉛直線と θ_1 の角度で，点 C において鉛直線と θ_2 の角度で釣り合った。ロープの質量 m_0 はどれほどか。

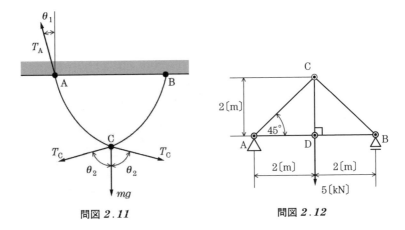

問図 2.11　　　　問図 2.12

【12】問図 2.12 に示すトラスの支点反力 R_A，R_B および部材力 F_{AC}，F_{AD}，F_{BC}，F_{BD}，F_{CD} を求めよ。

【13】問図 2.13 に示すトラスの支点反力 R_A，R_B および部材力 F_{AC}，F_{AF}，F_{BD}，F_{BF}，F_{CD}，F_{CE}，F_{CF}，F_{DE}，F_{DF} を求めよ。

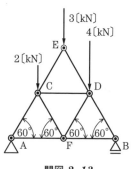
問図 2.13

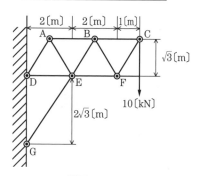
問図 2.14

【14】 問図 2.14 に示すトラスの部材力 F_{AB}, F_{AD}, F_{AE}, F_{BC}, F_{BE}, F_{BF}, F_{CF}, F_{DE}, F_{EG}, F_{EF} を求めよ。

【15】 問図 2.15 に示すトラスの支点反力 R_A, R_B および部材力 F_{CD}, F_{DF}, F_{GF} を求めよ。

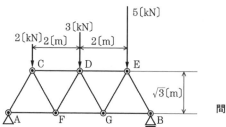
問図 2.15

3

重　心

　日常会話で,「重心のバランスを失って転んだ」,「あのスポーツ選手は腰が高い,もっと重心を低くしなければ…」など,重心という言葉を感覚的に使用している。技術者の場合は物体の釣合いや,運動を解析する必要に迫られるケースにたびたび出会う。このため,重心位置を数値として知ることが必要となってくる。本章では,重心位置の計算のほか,回転体の表面積,体積の求め方について学ぶことにする。

3.1 重　心

　物体を構成しているおのおのの部分に働く重力の合力の作用点を**重心**（center of gravity）といい,物体に働くすべての重力が重心に作用していると考えることができる。

　重力 mg を受ける物体の重心 G は,通常,座標原点からの距離 x_G, y_G, z_G で表示する。例として x_G はつぎのようにして求められる。

　図 *3.1* に示すように物体を A,B,C,… の微小部分に分割したものから成り立つと考え,それらの各微小部分に作用する重力を,$\Delta m_1 g$,$\Delta m_2 g$,$\Delta m_3 g$,… とし,それら微小部分の重心の座標を x_1, x_2, x_3,… とする。

　ここで,座標軸は鉛直方向を y 軸にとる。各微小部分に働く重力および重心に働く物体全体の原点 O に関する力のモーメントを考えると,各部分に働く重力のモーメントの和は,物体全体の重心に働く重力のモーメントの和に等しくならなければならないので,つぎの式が成り立つ。

$$mgx_G = \Delta m_1 g x_1 + \Delta m_2 g x_2 + \Delta m_3 g x_3 + \cdots$$

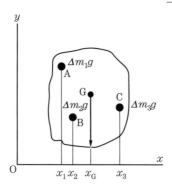

図 3.1 物の微小部分

鉛直軸を変えることにより，y_G，z_Gについても同様にして，つぎの関係が得られる．

$$mgy_G = \Delta m_1 g y_1 + \Delta m_2 g y_2 + \Delta m_3 g y_3 + \cdots$$

$$mgz_G = \Delta m_1 g z_1 + \Delta m_2 g z_2 + \Delta m_3 g z_3 + \cdots$$

上式より，次式を得る．

$$x_G = \frac{\sum \Delta m_i x_i}{m}, \quad y_G = \frac{\sum \Delta m_i y_i}{m}, \quad z_G = \frac{\sum \Delta m_i z_i}{m} \tag{3.1}$$

ここで，微小部分を縮小し，その極限をとれば

$$x_G = \frac{\oint x dm}{m}, \quad y_G = \frac{\oint y dm}{m}, \quad z_G = \frac{\oint z dm}{m} \tag{3.2}$$

のように積分により表すことができる．物体の特性・形状によっては，式(3.1)，(3.2)は，以下のようになる．例えば，密度が物体全体で均質であれば，密度をρ，体積をVで表すと，$m = \rho V$，$dm = \rho dV$であるから

$$x_G = \frac{\sum \Delta V_i x_i}{V}, \quad y_G = \frac{\sum \Delta V_i y_i}{V}, \quad z_G = \frac{\sum \Delta V_i z_i}{V} \tag{3.3}$$

および

$$x_G = \frac{\oint x dV}{V}, \quad y_G = \frac{\oint y dV}{V}, \quad z_G = \frac{\oint z dV}{V} \tag{3.4}$$

と書くことができる．また，厚さが一定の平板の場合は，厚さをt，面積をAで表すと，$m = \rho A t$，$dm = \rho dA t$であるから

$$x_G = \frac{\sum \Delta A_i x_i}{A}, \quad y_G = \frac{\sum \Delta A_i y_i}{A}, \quad z_G = \frac{\sum \Delta A_i z_i}{A} \tag{3.5}$$

および

$$x_G = \frac{\oint x dA}{A}, \quad y_G = \frac{\oint y dA}{A}, \quad z_G = \frac{\oint z dA}{A} \tag{3.6}$$

となる。平板のような平面図形とみなせる場合の重心を**図心**（center of figure, centroid）ともいう。

式（3.2），（3.4）および式（3.6）の積分形は，簡単な幾何学的形状を持つ物体を除くと数学的処理は，きわめて困難な場合が多い。したがって，現実問題として重心を求める場合，近似計算や実験的手法によることが多い。

表3.1に簡単な形をした均質な物体の重心位置を示す。

表 3.1 簡単な形をした均等な物体の重心位置

図形		長さ	重心位置
半円弧	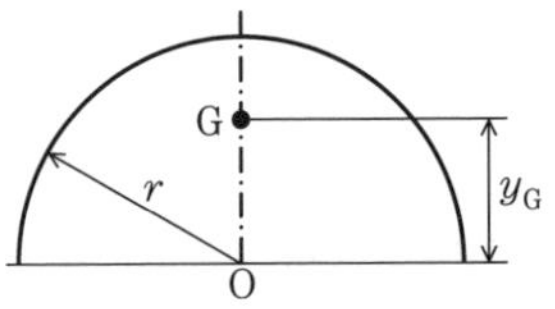	πr	$y_G = \dfrac{2r}{\pi}$
円弧	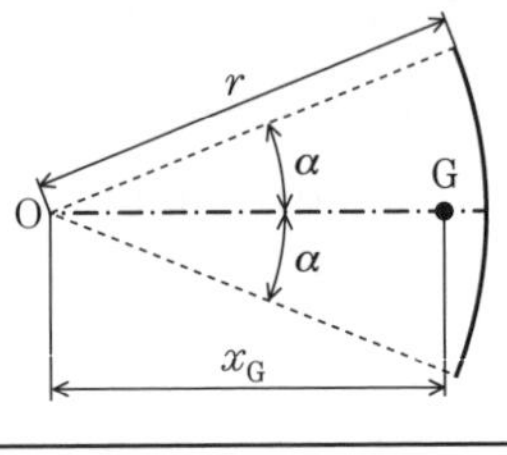	$2\alpha r$	$x_G = \dfrac{r \sin \alpha}{\alpha}$
図形		面積	重心位置
三角形面積	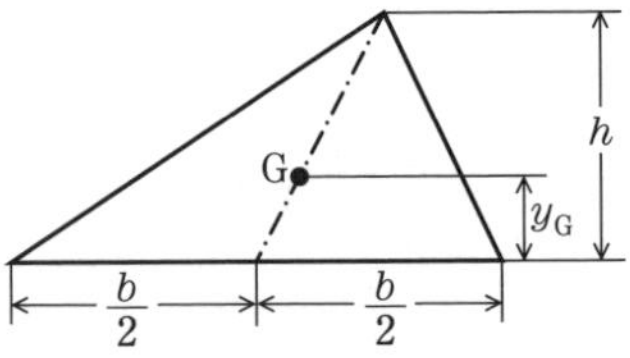	$\dfrac{bh}{2}$	$y_G = \dfrac{h}{3}$

表 3.1 (つづき)

図形		面積	重心位置
半円面積		$\dfrac{\pi r^2}{2}$	$y_G = \dfrac{4r}{3\pi}$
扇形面積		αr^2	$x_G = \dfrac{2r\sin\alpha}{3\alpha}$
$\dfrac{1}{4}$ 楕円面積		$\dfrac{\pi ab}{4}$	$x_G = \dfrac{4a}{3\pi}$ $y_G = \dfrac{4b}{3\pi}$
$y=kx^n$ の曲線と座標軸に囲まれた面積		$\dfrac{ab}{n+1}$	$x_G = \dfrac{n+1}{n+2}a$ $y_G = \dfrac{n+1}{2(2n+1)}b$

図形		体積	重心位置
円錐		$\dfrac{\pi r^2 h}{3}$	$x_G = \dfrac{3h}{4}$
半球		$\dfrac{2\pi r^3}{3}$	$\dfrac{3r}{8}$

例題 3.1 図 3.2 に示す一様な L 型板の重心 (x_G, y_G) を求めよ。

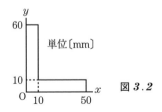

図 3.2

【解答】 この問題の場合，図 3.3 に示すように A_1 部分と A_2 部分に分割すれば，各部分の重心の座標と面積がわかる。したがって，式（3.5）により計算する。この計算を**表 3.2** のように整理するとよい。

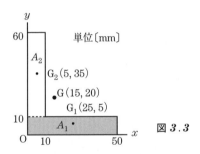

図 3.3

表 3.2

i	ΔA_i	x_i	$\Delta A_i x_i$	y_i	$\Delta A_i y_i$
1	500	25	12 500	5	2 500
2	500	5	2 500	35	17 500
$A=\sum_{i=1}^{2}\Delta A_i$	1 000	$\sum_{i=1}^{2}\Delta A_i x_i$	15 000	$\sum_{i=1}^{2}\Delta A_i y_i$	20 000

表により得られた結果と式（3.5）より，重心の座標 (x_G, y_G) は次式のように求められる。

$$x_G = \frac{\sum_{i=1}^{2}\Delta A_i x_i}{A} = \frac{15\,000}{1\,000} = 15.0 \,[\text{mm}]$$

$$y_G = \frac{\sum_{i=1}^{2}\Delta A_i y_i}{A} = \frac{20\,000}{1\,000} = 20.0 \,[\text{mm}]$$

◇

例題 3.2 図 3.4 に示すように面積 A_1 の長方形板に面積 A_2 の円形の穴があいている。この板の重心 x_G を求めよ。

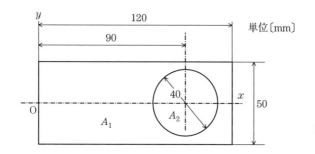

図 3.4

【解答】 座標軸を図のようにとると，$y_G=0$ となるので x_G のみ考えればよい。穴の部分をマイナスの面積と考えて，例題 3.1 と同様に**表 3.3** をつくって計算する。

$$\therefore\ x_G=\frac{\sum \Delta A_i x_i}{A}=\frac{246\,903}{4\,743}=52.1\,[\mathrm{mm}]$$

表 3.3

i	ΔA_i	x_i	$\Delta A_i x_i$
1	6 000	60	360 000
2	$-1\,257$	90	$-113\,097$
$A=\sum_{i=1}^{2}\Delta A_i$	4 743	$\sum_{i=1}^{2}\Delta A_i x_i$	246 903

例題 3.3 図 3.5 に示す平面内で直角に曲げられた太さが一様な線材の重心 $(x_G,\ y_G)$ を求めよ。

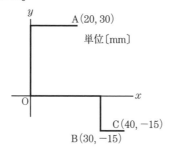

図 3.5

【解答】 線材の断面積を a,長さを l とすると,式 (3.3) の V および ΔV は,$V=al$, $\Delta V=a\Delta l$ となるので,つぎのように書き換えられる。

$$x_G = \frac{\sum \Delta l_i x_i}{l}$$

$$y_G = \frac{\sum \Delta l_i y_i}{l}$$

$$z_G = \frac{\sum \Delta l_i z_i}{l} \tag{a}$$

例題 3.2 と同様に表 3.4 をつくって計算する。

表 3.4

i	Δl_i	x_i	$\Delta l_i x_i$	y_i	$\Delta l_i y_j$
1	30	0	0	15	450
2	20	10	200	30	600
3	30	15	450	0	0
4	15	30	450	-7.5	-112.5
5	10	35	350	-15	-150
$l=\sum_{i=1}^{5}\Delta l_i$	105	$\sum_{i=1}^{5}\Delta l_i x_i$	1 450	$\sum_{i=1}^{5}\Delta l_i y_i$	787.5

表により得られた結果と式 (a) より,重心の座標 (x_G, y_G) は次式のように求められる。

$$x_G = \frac{1\,450}{105} = 13.8\,[\mathrm{mm}]$$

$$y_G = \frac{787.5}{105} = 7.50\,[\mathrm{mm}] \qquad \diamondsuit$$

例題 3.4 図 3.6 に示す,2次曲線 $y=kx^2$ と x 座標,$x=a$ に囲まれた平面図形の重心 (x_G, y_G) を求めよ。

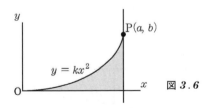

図 3.6

【解答】 2次曲線の定数 k は点 P の座標から求める。$x=a$,$y=b$ を $y=kx^2$ へ代

入すると，$k=b/a^2$ となる．

つぎに，任意の位置 x と，微小な増分 dx をとる（図 **3.7**）．この x と $(x+dx)$ に囲まれた短冊状の面積要素を dA とすると $dA=ydx$ となる．このとき，この要素の重心の座標は，$(x, y/2)$ であることに注意する．

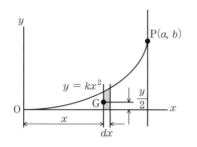

図 **3.7**

式 (3.6) より，重心の x 座標 x_G を求める．

$$x_G = \frac{\int x dA}{A} = \frac{\int_0^a x(ydx)}{\int_0^a ydx} \tag{a}$$

分母，分子をそれぞれ計算すると

$$A = \int_0^a ydx = \frac{b}{a^2}\int_0^a x^2 dx = \frac{ab}{3} \tag{b}$$

$$\int_0^a x(ydx) = \frac{b}{a^2}\int_0^a x^3 dx = \frac{a^2 b}{4} \tag{c}$$

が得られる．したがって，x_G は次式となる．

$$x_G = \frac{\int x dA}{A} = \frac{3}{4}a \tag{d}$$

一方，重心の y 座標 y_G は

$$y_G = \frac{\int \frac{y}{2}(ydx)}{A} \tag{e}$$

であるから，分子を計算すると

$$\frac{1}{2}\int_0^a y^2 dx = \frac{b^2}{2a^4}\int_0^a x^4 dx = \frac{ab^2}{10} \tag{f}$$

となる．したがって，y_G は次式となる．

$$y_G = \frac{\int \frac{y}{2}dA}{A} = \frac{3}{10}b \tag{g}$$

◇

例題 3.5 図 3.8 は，断面積が一様で半径 r，中心角 $2\theta_0$ の円弧状に曲げられた線材を示している。この線材の重心位置を求めよ。

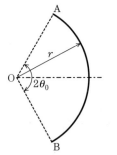

図 3.8

【解答】 線材の断面積を a，長さを l とすると，式 (3.4) の V および dV は，$V=al$，$dV=adl$ となるので，重心の座標 (x_G, y_G, z_G) は，つぎのように書き換えられる。

$$x_G = \frac{\oint x dl}{l}, \quad y_G = \frac{\oint y dl}{l}, \quad z_G = \frac{\oint z dl}{l} \tag{a}$$

座標軸は，図 3.9 に示すように円弧の中心を原点とし，中心角を二等分するように x 軸をとる。そうするとこの線材の重心は，x 軸に関して対称なので x 軸上にあることがわかる。

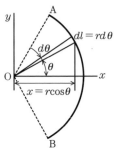

図 3.9

ここで，$dl = rd\theta$，$x = r\cos\theta$ であるから式 (a) の第一式を用いて

$$x_G = \frac{\int x dl}{l} = \frac{\int_{-\theta_0}^{\theta_0} r\cos\theta(rd\theta)}{\int_{-\theta_0}^{\theta_0} rd\theta} \tag{b}$$

を得る。分母，分子に分けて計算すると

$$\int_{-\theta_0}^{\theta_0} r d\theta = 2r \int_0^{\theta_0} d\theta = 2r\theta_0 \qquad (c)$$

$$\int_{-\theta_0}^{\theta_0} r\cos\theta (r d\theta) = 2r^2 \int_0^{\theta_0} \cos\theta d\theta = 2r^2 \sin\theta_0 \qquad (d)$$

を得る。したがって，x_G は，次式となる。

$$x_G = \frac{r\sin\theta_0}{\theta_0} \qquad (e)$$

◇

3.2　回転体の表面積と体積

　曲線や平面図形をある軸の周りを回転させると空間に面積や体積が描かれる。このように図形を回転させて得られる図形を回転体という。回転体の表面積と体積を求める場合，つぎの定理を用いると便利である。

　①　**回転体の表面積**　　任意の曲線がその曲線と交わらない軸の周りを回転して得られた回転体の表面積は，曲線の長さとその曲線の重心が移動した距離との積に等しい。

　②　**回転体の体積**　　任意の平面図形がその曲線と交わらない軸の周りを回転して得られた回転体の体積は，平面図形の面積とその図形の重心が移動した距離との積に等しい。

　以上が回転体の表面積と体積に関する定理で「**パッパス（Pappus）の定理**」という。

　この第一の定理はつぎのように証明できる。図 **3.10** に示す長さ L の平面曲線における微小要素 dl_i が y 軸の周りを θ だけ回転したときに空間に描かれる面積 dA_i は，$dA_i = \theta x_i dl_i$ である。

　そうすると，全体が θ だけ回転したときに空間に描かれる面積 A は，例題 3.5 の式（a）より $x_G L = \int x dl$ の関係があるので，次式で示される。

52   3. 重　　　心

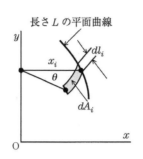
図 3.10　回転体の表面積

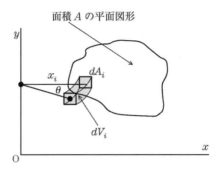
図 3.11　回転体の体積

$$A = \sum \theta x_i dl_i = \theta \int x dl = \theta x_G L \tag{3.7}$$

　第二の定理も同様に証明できる．すなわち，図 3.11 に示す図形の面積 A の微小要素 dA_i が y 軸の周りを θ だけ回転したときに空間に描かれる体積 dV_i は，$dV_i = \theta x_i dA_i$ である．そうすると，全体が θ だけ回転したときに空間に描かれる体積 V は，式 (3.6) より $x_G A = \int x dA$ の関係があるので，次式で示される．

$$V = \sum \theta x_i dA_i = \theta \int x dA = \theta x_G A \tag{3.8}$$

例題 3.6　パッパスの定理を用いて，(a) 半円の重心，(b) 半円弧の重心を求めよ．ただし，球の体積は $4\pi r^3/3$，表面積は $4\pi r^2$ である．

【解答】（a）図 3.12 に示す半円形の面積 A をその直径を軸として1回転させると空間に球の体積 V が描かれる．したがって，式 (3.8) より半円形の重心 x_G は

$$V = 2\pi x_G A$$
$$\frac{4\pi r^3}{3} = 2\pi x_G \left(\frac{\pi r^2}{2} \right)$$
$$x_G = \frac{4r}{3\pi}$$

となる．

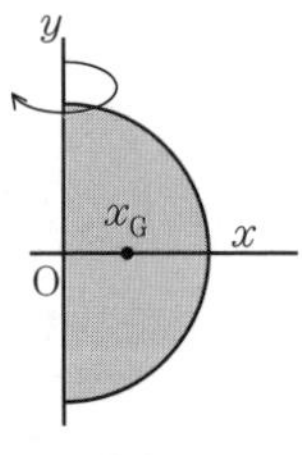

図 3.12 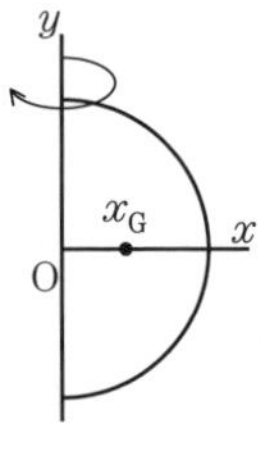　　　図 3.13

(b) (a)と同様に図 3.13 に示す長さ l の半円弧をその直径を軸として1回転させると空間に球の表面積 A が描かれるので半円弧の重心 x_G はつぎのようになる。

$A = 2\pi x_G l$

$4\pi r^2 = 2\pi x_G (\pi r)$

$x_G = \dfrac{2r}{\pi}$ ◇

3.3 物体のすわり

水平面上にある物体を傾けて放すと，物体は傾きを増していって転倒する場合もあれば，またもとの姿勢に戻ろうとする場合もある。図 3.14(a) の場合，傾いたときの重心 G はもとの位置よりも高いため，重力 mg と反力 R による偶力のモーメントは反時計方向に働き，もとの姿勢に戻ろうとするから安定である。

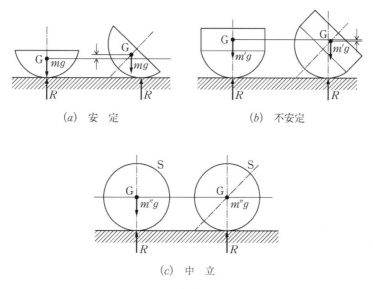

(a) 安　定　　　　(b) 不安定

(c) 中　立

図 3.14　物体のすわり

つぎに図(b)の場合，傾いたときの重心 G はもとの位置よりも低いため，重力 mg と反力 R による偶力のモーメントは時計方向に働くためにさらに傾

きを増して転倒する。すなわち，不安定である。図(c)の場合は，傾いたときの重心 G はもとの位置と同じ高さにあるため，重力 mg と反力 R による偶力のモーメントはゼロであるから傾いたまま釣り合う。動かしても重心の位置が変わらないような物体を**中立のすわり**にあるという。

例題 3.7 図 3.15 のように半径 r の半球の上に，半径 r，高さ h の直円柱が一体で載っている。この物体を中立のすわりの状態にするには円柱の高さ h をいくらにすればよいか。

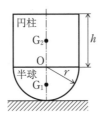

図 3.15

【解答】 円柱の重心は点 O から $\frac{1}{2}h$ の位置にあり，半球の重心は**表 3.1** より点 O から $\frac{3}{8}r$ の位置にある。物体全体の重心が点 O にあれば重力 mg と反力 R の偶力のモーメントは 0 となる。すなわち中立のすわりとなる。

円柱の体積は $\pi r^2 h$，半球の体積は $\frac{4}{3}\pi r^3 \times \frac{1}{2}$ なので，ρ を物体の密度とすれば点 O に関するモーメントの釣合いから

$$\rho g \pi r^2 h \frac{h}{2} = \rho g \frac{1}{2} \cdot \frac{4}{3}\pi r^3 \frac{3}{8}r$$

これより，$h = \dfrac{r}{\sqrt{2}}$ とすればよい。 ◇

演 習 問 題

【1】 問図 3.1 の三角形は均質な針金でできている。この針金の重心位置 (x_G, y_G) を求めよ。

演　習　問　題

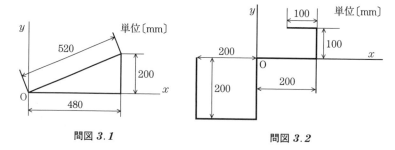

問図 3.1　　　　　　　　　問図 3.2

【2】 問図 3.2 は，均質な針金を直角に折り曲げてつくったものである。この針金の重心位置 (x_G, y_G) を求めよ。

【3】 問図 3.3 は，厚さが一様な半径 $2R$ の円板から半径 R の円をくり抜いたものである。この板の重心 x_G を求めよ。

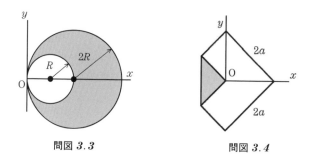

問図 3.3　　　　　　　　　問図 3.4

【4】 問図 3.4 は，厚さが一様な一辺の長さ $2a$ の正方形板を折り返して，その一隅が中心にくるようにしたものである。この板の重心 x_G を求めよ。

【5】 問図 3.5 に示す平面図形の重心 (x_G, y_G) を求めよ。

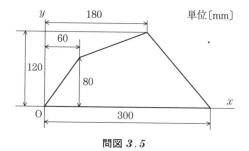

問図 3.5

【6】 問図 3.6 に示す平面図形のうす墨部の重心 x_G を求めよ。

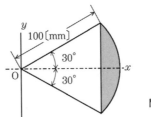

問図 3.6

【7】 問図 3.7 に示す立体の重心 x_G を求めよ。

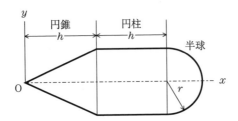

問図 3.7

【8】 問図 3.8 に示す円錐体の重心 y_G を求めよ。

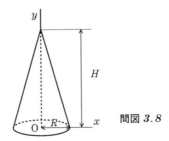

問図 3.8

【9】 問図 3.9 に示す,n 次曲線 $y=kx^n$ と x 座標,$x=a$ に囲まれた平面図形の重心 $(x_G,\ y_G)$ を求めよ。

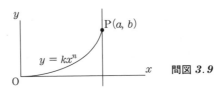

問図 3.9

【10】 問図 3.10 に示す,半円球体の重心 x_G を求めよ。

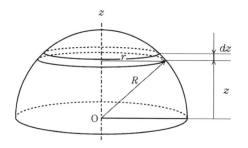

問図 3.10

【11】 水圧は水面からの距離に比例する。問図 3.11 のように水門の上辺が水面下 4〔m〕にあるとき,幅 5〔m〕,高さ 2〔m〕の垂直な水門に作用する全圧力 P を求めよ。また,圧力の中心位置 $\overline{h}$ は水面よりどれほどか。

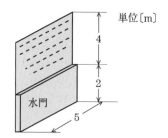

問図 3.11

【12】 質量 1〔kg〕,長さ 500〔mm〕の鋼鉄製丸棒の左端に 5〔kg〕,右端に 15〔kg〕の鋼鉄製部品を取り付け,水焼き入れをする。空中における重心と水中における重心を求めよ。ただし,鋼鉄の比重を 7.8 とし,15〔kg〕の部品は中空のため見かけの比重は 2 であった。

【13】 問図 3.12 のうす墨部は,鋼製丸棒を旋盤によりテーパー状に旋削された部分である。この部分の質量 m を求めよ。ただし,鋼の密度は $\rho=7.85\times10^3$〔kg/m³〕とする。

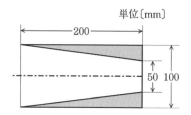

問図 3.12

【14】問図 3.13 は，直径 1 〔m〕の鋼製 V ベルト滑車のリム部断面を示す．鋼の密度が $\rho=7.85\times10^3$ 〔kg/m³〕である．リムの質量 m を計算せよ．

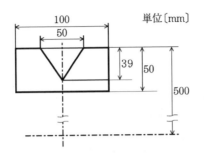

問図 3.13

【15】問図 3.14 に示すように内半径 R の円筒に水を入れて等速回転させたところ，中心で水深 0 の放物曲面となり半径 R の位置で水深 h となった．静止時の水深はどれほどか．

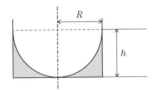

問図 3.14

【16】問図 3.15 のように全重量 mg の棒を支点 A，B で支えたところ，支点 A，B での反力がそれぞれ，$M_A g$，$M_B g$ であった．つぎに，支点 B を高さ h だけ上げて支点 A，B の反力を測ったところ，それぞれ $M_A'g$，$M_B'g$ と変わった．図のように支点 A を原点にとり，この棒の重心座標 G (a, b) を求めよ．なお，$M_A g=610$ 〔N〕，$M_B g=640$ 〔N〕，$M_A'g=660$ 〔N〕，$M_B'g=590$ 〔N〕，$l=1\,200$ 〔mm〕，$h=500$ 〔mm〕として，a，b を計算せよ．

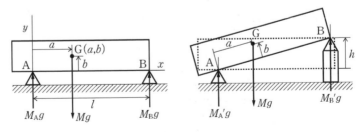

問図 3.15

4

摩　　　擦

　これまでの章では摩擦については考えなかった。しかし，もし，摩擦がなければ車も電車も走れない。人も歩けないし，紙の上に字を書くこともできない。一方，摩擦があるために不要なエネルギーを消費してしまう場合もある。まさに，摩擦はないと困るもの，あっても困るものと複雑な存在である。ここに摩擦を考える必要性が発生する。本章では摩擦について学ぶことにする。

4.1　静　　摩　　擦

　二つの物体が接していて，その接触面に沿って滑り動かそうとする力を働かせるとき，この力と逆向きに抵抗が接触面に生じる。この抵抗力を**摩擦力**（frictional force）という。

　図 4.1(a) は，水平な床面 B に置かれた物体 A が接触面に平行で十分小さな力 F を受けているが接触面間の摩擦力 f が力 F と大きさが等しく逆向きに作用しているため動けない状態を示している。

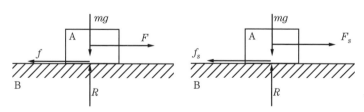

(a) 摩　擦　力　　　　(b) 極限釣合いの状態

図 4.1　摩擦力と極限釣合い

この力 F を徐々に大きくしていくと，やがて釣合い状態を保つことができず動き始める。この動き出す直前の状態における力を F_s，摩擦力を f_s で示したのが図(b)である。この状態を**極限釣合いの状態**といい，f_s を**最大静摩擦力**という。

■ クーロンの法則

最大摩擦力に関してシャルル・ド・クーロン（Charles de Coulomb, 1736〜1806）は，レールの上に種々のおもりをのせて最大摩擦力を実験から測定し，つぎの法則をまとめた。

① 最大静摩擦力 f_s は，接触面間に作用する反力 R に比例する。
② 比例定数は，物体間の接触面の状態や材質には関係するが接触面積には無関係である。

したがって，**クーロンの法則**（Coulomb's law）は次式により示される。

$$f_s = \mu_s R \qquad (4.1)$$

ここで，比例定数 μ_s は，接触面の状態や材質などによって決まる定数で**静摩擦係数**（coefficient of static friction）という。

例題 4.1 図 4.2 に示すように，ブロック A は，壁にロープで固定され，ブロック B は，力 F により引き出されようとしている。A に働く重力を 200〔N〕，B に働く重力を 500〔N〕とし，すべての物体間の静摩擦係数を，$\mu_s = 0.3$ とするとき，物体 B を引き出すために要する力 F と物体 A を止めてあるロープの張力 T を求めよ。

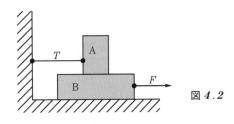

図 4.2

【解答】 $F = 0.3 \times 200 + 0.3 \times (200 + 500) = 270 \,[\text{N}]$
$T = 0.3 \times 200 = 60.0 \,[\text{N}]$ ◇

4.2 動 摩 擦

図 4.3 は，摩擦力 f_k を受けながら力 F により，速度 v で運動している物体 A を示している。この摩擦力 f_k が動摩擦力である。この場合，クーロンの法則はつぎのようになる。

① 動摩擦力 f_k は，接触面間に作用する反力 R に比例する。
② 比例定数は，物体間の接触面の状態や材質には関係するが接触面積および滑り速度には無関係である。

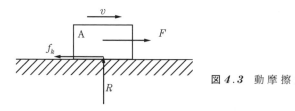

図 4.3 動摩擦力

この法則は，速度 v が極端に大きい場合や小さい場合を除くと静摩擦のときと同様に成立する。

すなわち，動摩擦力 f_k は

$$f_k = \mu_k R \tag{4.2}$$

となる。ここで，μ_k は接触面の状態や材質などによって決まる定数で**動摩擦係数**（coefficient of kinetic friction）である。実験によると接触面の状態が同一の場合，動摩擦係数は静摩擦係数よりも小さな値をとる。

例題 4.2 質量 $m = 100\,[\text{kg}]$ のブロックが**図 4.4** に示すように水平とのなす角 30° の斜面上に置かれ，斜面に平行な力 $F = 200\,[\text{N}]$ の力を受けている。ブロックと斜面の静摩擦係数を $\mu_s = 0.25$，動摩擦係数を $\mu_k = 0.20$ とするとき，ブロックが釣り合うか。また滑り落ちる場合，斜面に沿う正味の力の合力を求めよ。

62   4. 摩　　　擦

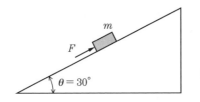

図 4.4

【解答】 初めに摩擦を考慮しないで，釣り合うために必要な力 F' を左下向きと仮定して，ブロックの自由体線図を描くと**図 4.5** が得られる．図示のように O-xy 座標をとり，釣合いの方程式をつくると

$$F_x = F - mg \sin 30° - F' = 0 \tag{a}$$

$$F_y = R - mg \cos 30° = 0 \tag{b}$$

が得られる．この 2 式より，F', R はつぎのようになる．

$$F' = 200 - 100 \times 9.8 \times 0.5 = -290 \text{ [N]} \tag{c}$$

$$R = 100 \times 9.8 \times \frac{\sqrt{3}}{2} = 849 \text{ [N]} \tag{d}$$

したがって，釣合いを保つのに必要とされる力 F' は，右上向きに 290 [N] である．このときの最大静摩擦力 f_s は

$$f_s = \mu_s R = 0.25 \times 849 = 212 \text{ [N]} \tag{e}$$

となり，釣合いを保つのに要する力 290 [N] は最大静摩擦力 $f_s = 212$ [N] より大きいので釣合いは保たれず滑り落ちることになる．

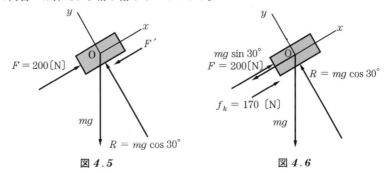

図 4.5　　　　　　　　　図 4.6

図 4.6 に示すように実際の摩擦力の大きさは，運動しているので，式(e) ではなく動摩擦係数を用いた次式となる．

$$f_k = \mu_k R = 0.20 \times 849 = 170 \text{ [N]}$$

この動摩擦力は当然，運動と逆向きに働くが，釣合いは保つことができない．したがって，斜面に沿う正味の力の合力は次式となる．

$$F_x = mg \sin 30° - F - f_k = 100 \times 9.80 \times 0.5 - 200 - 170 = 120 \text{ [N]} \quad \diamondsuit$$

4.3 摩擦角

物体を斜面に置いても傾斜角が十分小さければ滑らない。この傾斜角を徐々に大きくしていくとやがて，図 4.7 の極限釣合いの状態となる。

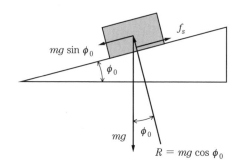

図 4.7　極限釣合いの状態と摩擦角

このときの角度を ϕ_0 とすれば，斜面と物体間に作用する反力は，$R = mg \cos \phi_0$ となり，この物体を斜面に沿って引き下ろそうとする力は，$mg \sin \phi_0$ となるので，式 (4.1) は，つぎのようになる。

$$mg \sin \phi_0 = \mu_s \, mg \cos \phi_0$$

$$\therefore \quad \mu_s = \tan \phi_0 \tag{4.3}$$

この角 ϕ_0 が**静摩擦角**（angle of static friction）である。同様に**動摩擦角**（angle of kinetic friction） ϕ_k も次式のように定義することができる。

$$\mu_k = \tan \phi_k \tag{4.4}$$

例題 4.3　図 4.8 は，水平とのなす角 $\theta = 20°$ の斜面上に質量 $m = 100$〔kg〕の物体が水平力 F を受けて静止している状態を示す。静摩擦角を $\phi_0 = 10°$ とするとき，静止状態を持続できる F の範囲を求めよ。

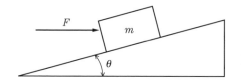

図 4.8

【解答】 角 θ が摩擦角より大きい場合は，水平力 F がなければこの物体は，滑り落ちる。したがって，滑り落ちない場合の極限釣合いの状態と押し上げる場合の極限釣合いの状態を計算すれば，それが静止状態を持続できる F の範囲となる。

図 $\textbf{4.9}$ は，自由体線図である。

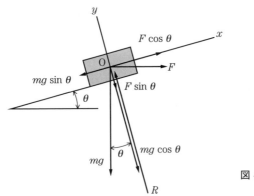

図 $\textbf{4.9}$　自由体線図

図示のように O-xy 座標をとり，斜面と物体間に作用する反力 R として，y 方向の釣合い式をつくると

$$\left.\begin{array}{l} R - mg\cos\theta - F\sin\theta = 0 \\ R = F\sin\theta + mg\cos\theta \end{array}\right\} \quad (a)$$

が得られる。したがって，最大静摩擦力 f_s は次式となる。

$$f_s = \mu_s(F\sin\theta + mg\cos\theta) \quad (b)$$

ここで，物体が押し上げられる場合の極限釣合い式は，水平力を F_1 として

$$F_1\cos\theta - mg\sin\theta - f_s = 0 \quad (c)$$

となる。また，物体が滑り落ちるときの極限釣合いは，水平力を F_2 として

$$F_2\cos\theta + f_s - mg\sin\theta = 0 \quad (d)$$

である。式 (b)，(c)，(d) より，F_1，F_2 について解くと

$$\left.\begin{array}{l} F_1 = \dfrac{\sin\theta + \mu_s\cos\theta}{\cos\theta - \mu_s\sin\theta}\,mg \\ F_2 = \dfrac{\sin\theta - \mu_s\cos\theta}{\cos\theta + \mu_s\sin\theta}\,mg \end{array}\right\} \quad (e)$$

が得られる。この F_1 と F_2 の間に F があれば，物体は斜面上に静止する。すなわち静止状態を持続するための条件は次式となる。

$$\dfrac{\sin\theta - \mu_s\cos\theta}{\cos\theta + \mu_s\sin\theta}\,mg \leqq F \leqq \dfrac{\sin\theta + \mu_s\cos\theta}{\cos\theta - \mu_s\sin\theta}\,mg \quad (f)$$

$mg = 100 \times 9.8 = 980\,[\mathrm{N}]$，$\theta = 20°$，$\mu_s = \tan 10°$ を代入して

$$173 [\mathrm{N}] \leqq F \leqq 566 [\mathrm{N}]$$

を得る。

【別解】（摩擦角を利用） 図 *4.10* は，摩擦角を利用した押し上げる場合の極限釣合いの状態を示す。この極限釣合いの状態においては，物体の重力 mg と押し上げる力 F の合力と逆向きで大きさが等しい力 R の 3 力の釣合いと考えられる。したがって，この場合の反力の方向は平面に垂直から ϕ_0 だけ傾いた方向となる。したがって，ラミの定理より

$$\frac{F_1}{\sin (180° - \theta - \phi_0)} = \frac{mg}{\sin (90° + \theta + \phi_0)} \qquad (g)$$

となり，数値を代入して，上限 F_1 が得られる。

$$F_1 = \frac{\sin (180° - 20° - 10°)}{\sin (90° + 20° + 10°)} mg = \frac{\sin 150°}{\sin 120°} mg = 0.5774\, mg = 566 [\mathrm{N}]$$

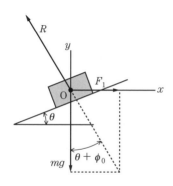

図 *4.10* 押し上げる場合の極限釣合いの状態

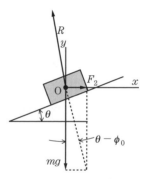

図 *4.11* 滑り落ちる場合の極限釣合いの状態

同様に滑り落ちる場合の下限 F_2 は，図 *4.11* からラミの定理を用いて，以下のように求められる。

$$\frac{F_2}{\sin (180° - \theta + \phi_0)} = \frac{mg}{\sin (90° + \theta - \phi_0)} \qquad (h)$$

$$F_2 = \frac{\sin (180° - 20° + 10°)}{\sin (90° + 20° - 10°)} mg = \frac{\sin 170°}{\sin 100°} mg = 0.1763\, mg = 173 [\mathrm{N}]$$

$$\therefore\ 173 [\mathrm{N}] \leqq F \leqq 566 [\mathrm{N}] \qquad \diamondsuit$$

4.4 転がり摩擦

剛体の円柱が剛体の平面を転がるときの摩擦は，変形を伴わないので理論的に「0」にならなければならない。しかし，実際には円柱も平面も弾性変形するため，摩擦力が生じる。図 4.12 は，質量 m，半径 r の円柱が水平面に置かれ，その中心を通る軸に F_0 の水平方向の力を作用させ円柱が転がり始める極限釣合いの状態を示す。

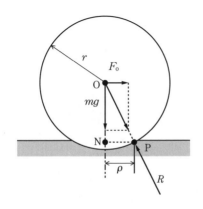

図 4.12 円柱が転がり始める極限釣合いの状態

この状態では，円柱の任意の点に関する力のモーメントは釣り合っている。したがって，面の反力 R が作用している点 P に関する力のモーメントの釣合い式は次式となる。

$$mg\,\overline{\mathrm{PN}} - F_0\,\overline{\mathrm{ON}} = 0$$

ここで，$\overline{\mathrm{PN}} = \rho$ とし，水平面に生じるくぼみは小さいものと考えると，$\overline{\mathrm{ON}} \fallingdotseq r$ なので

$$F_0\,r - mg\,\rho = 0 \tag{4.5}$$

となる。$M_0 = F_0\,r$ とおけば

$$M_0 = \rho\,mg \tag{4.6}$$

と書ける。ρ は**転がり摩擦係数**（coefficient of rolling friction）という。接触面の性質のほかに，面に垂直な力，円柱の半径などに関係する。滑り摩擦の場

合，静摩擦と異なり，長さの次元を持つことに注意すべきである。

また，式（4.5）を変形して

$$F_0 = \left(\frac{\rho}{r}\right) mg \tag{4.7}$$

と書けば (ρ/r) は無次元量となり，滑り摩擦の場合の静摩擦係数 μ_s に対応することになる。しかし，静摩擦係数 μ_s が小数点1桁程度の値に対し，鉄道の場合 $\rho=0.05$ [mm]，$r=500$ [mm] 程度と見込まれるので，$(\rho/r)=1/10\,000$ と桁違いに小さな値をとる。

例題 4.4 図 4.13 は斜面上を等速度で円柱が転がっている状態を示す。転がり摩擦係数 $\rho=0.05$ [mm]，$r=50$ [mm] とするとき，この斜面の角度 θ を求めよ。

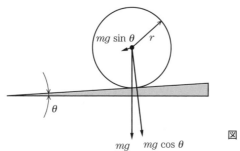

図 4.13

【解答】 等速度で運動しているということは，斜面による重力の斜面に沿った方向の分力と転がり摩擦が釣り合っている（斜面に沿った方向の合力は0）と考えられるので，式（4.7）を用いて釣合い式をつくると

$$\frac{\rho}{r} mg \cos\theta - mg \sin\theta = 0$$

$$\therefore \quad \tan\theta = \frac{\rho}{r}$$

$$\theta = 0.057\,3°$$

が得られる。　　　　　　　　　　　　　　　　　　　　　　　　◇

4.5 おもな機械要素における摩擦

4.5.1 ベルトの摩擦

曲面に巻き付けられたロープやベルトは大きな摩擦力を持つ。この事実は，ロープ作業全般に広く応用されるほか，ベルト車などにも応用されている。

図 **4.14** は，張力 T_1，T_2 を持つベルト（$T_2 > T_1$）と半径 r のベルト車を示している。接触角を θ_0，ベルトとベルト車の静摩擦係数を μ_s，ベルトがベルト車より受ける単位長さ当りの垂直力を R として，図 **4.15** に示すベルトの微小部分 $rd\theta$ をとり，極限釣合いの状態にあるものとすると，釣合い条件はつぎのようになる。

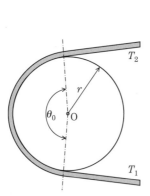 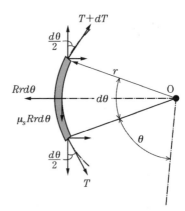

図 **4.14** ベルトとベルト車　　図 **4.15** ベルトの微小部分の釣合い

半径方向の釣合い条件式；

$$Rrd\theta - T\sin\frac{d\theta}{2} - (T+dT)\sin\frac{d\theta}{2} = 0 \qquad (4.8)$$

円周方向の釣合い条件式；

$$(T+dT)\cos\frac{d\theta}{2} - T\cos\frac{d\theta}{2} - \mu_s Rrd\theta = 0 \qquad (4.9)$$

$d\theta$ は微小角であるので，$\cos(d\theta/2)=1$，$\sin(d\theta/2)=d\theta/2$ として，高次の微小量を省略して整理すると式 (4.8)，(4.9) より

4.5 おもな機械要素における摩擦

$$T = Rr \qquad (4.10)$$

$$dT = \mu_s Rr d\theta \qquad (4.11)$$

が得られ，式 (4.10), (4.11) より，R を消去して次式を得る．

$$\frac{dT}{T} = \mu_s d\theta \qquad (4.12)$$

境界条件として $\theta = 0$ で $T = T_1$ および $\theta = \theta$ のとき $T = T_2$ とすれば

$$\int_{T_1}^{T_2} \frac{dT}{T} = \int_0^\theta \mu_s d\theta \qquad (4.13)$$

$$\mu_s \theta = \log_e \frac{T_2}{T_1} \qquad (4.14)$$

となり，T_2 について解けば，式 (4.14) より

$$T_2 = T_1 e^{\mu_s \theta} \qquad (4.15)$$

が得られる．この式は，設計の基礎式としてよく使われている．

例題 4.5 図 4.16 に示すように，ロープを円柱に 1 回巻き，$T = 500$ [N] の張力を支えるには T_0 の張力はどれほど必要か．ただし，ロープと円柱の静摩擦係数は $\mu_s = 0.4$ とする．

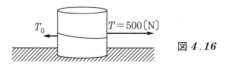

図 4.16

【解答】 式 (4.15) より

$$T_0 = T e^{-\mu_s \theta} = 500 \times 2.7183^{-0.4 \times 2 \times \pi} = 40.5 \text{[N]}$$

となり，ロープと円柱の摩擦を利用することにより，1/10 以下の張力で支えることができる． ◇

4.5.2 く さ び

くさびは，重量物を持ち上げたり，移動させる場合に大きな役割をする．通常，重量物に比較してかなり小さな力をくさびに作用させることにより，動かすことができる．また，重い機械部品の位置を微調整するためにもくさびは用

いられる。

例題 4.6 図 4.17 は，垂直な壁 D に接しているブロック A を 2 個のくさび B，C により押し上げようとしている状態を示す。ブロック A の質量 $m = 10 \times 10^3$ [kg]，くさび B，C の角度 $\theta = 5°$，すべての接触面間の静摩擦係数 $\mu_s = 0.2$ とするとき，くさびが動き出せるのに必要な力 F を求めよ。ただし，くさびの質量は，無視できるものとする。

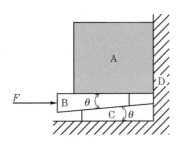

図 4.17 く さ び

【解答】 摩擦角を考慮したブロック A の自由体線図は，図 4.18 となる。また，摩擦角は

$$\tan \phi_0 = 0.2$$
$$\therefore \phi_0 = 11.31°$$

であるから，ラミの定理を適用し

$$\frac{R_2}{\sin(90 - \phi_0)} = \frac{mg}{\sin(90 + 2\phi_0)} \tag{a}$$

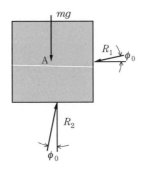

図 4.18 ブロック A の自由体線図

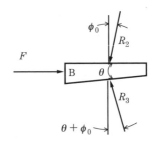

図 4.19 くさび B の自由体線図

が得られる。

つぎに，くさびBの自由体線図（図**4.19**）をつくり，同様にして

$$\frac{F}{\sin(180°-2\phi_0-\theta)}=\frac{R_2}{\sin(90°+\phi_0+\theta)} \quad (b)$$

が得られる。式(a)，(b)よりFは，つぎのように得られる。

$$F=\frac{\sin(90°-\phi_0)\sin(180°-2\phi_0-\theta)}{\sin(90°+2\phi_0)\sin(90°+\phi_0+\theta)}mg=50.3\,[\mathrm{kN}] \qquad \diamondsuit$$

4.5.3 角ねじ

角ねじは，ジャッキ，プレスなど機械装置としてよく使われている。ねじは斜面の応用である。図**4.20**は平均半径r，ピッチすなわち，ねじが1回転する間に進む距離をpとすると，このねじは，傾角$\tan\theta=p/(2\pi r)$を持つ斜面と同等であることを示している。

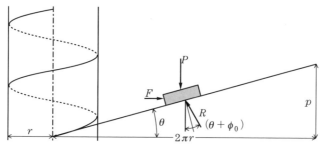

図**4.20** 角ねじ

ねじに働く軸力をPとすれば，ねじを締めるのに必要な力Fは，図**4.21**の力の釣合いより

$$F=R\sin(\theta+\phi_0)$$

$$R=\frac{P}{\cos(\theta+\phi_0)}$$

であるので

$$F=P\tan(\theta+\phi_0) \qquad (4.16)$$

となる。ここで，ϕ_0は静摩擦角である。

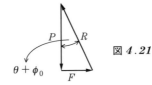

図 4.21 角ねじの力の釣合い

もし，ねじに摩擦がなければ，締めるのに必要な力 F_0 は

$$F_0 = P \tan \theta \tag{4.17}$$

となる。F と F_0 の比 $\eta = F_0/F$ は，ねじの**効率**（efficiency）という。

$$\eta = \frac{F_0}{F} = \frac{\tan \theta}{\tan (\theta + \phi_0)} \tag{4.18}$$

一方，ねじを弛（ゆる）めるために必要な力 F' は，摩擦力が滑る方向と逆向きに働くので

$$F' = P \tan (\phi_0 - \theta) \tag{4.19}$$

となる（**図 4.22**）。したがって，ねじが自然に弛まないためには，傾角 θ と静摩擦角 ϕ_0 の間に $\phi_0 > \theta$ の関係がなければならない。

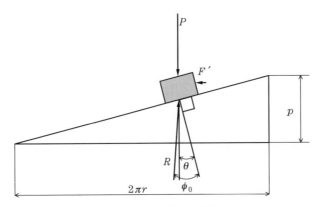

図 4.22 ねじを弛める場合の力

例題 4.7 ねじの平均直径が $D = 40$ [mm]，ピッチ $p = 5$ [mm] のジャッキで，質量 $m = 5 \times 10^3$ [kg] の物体を押し上げたい。ねじの静摩擦係数を $\mu_s = 0.06$ とするとき，ねじの効率と必要なトルクを求めよ。

【解答】 傾角 θ は

$$\tan\theta = \frac{p}{2\pi r} = \frac{5}{40\pi} = 0.0398 \qquad (a)$$

$$\theta = \tan^{-1}(0.0398) = 2.28° \qquad (b)$$

である。したがって，効率は

$$\eta = \frac{\tan\theta}{\tan(\theta+\phi_0)} = 39.7 [\%] \qquad (c)$$

となる。必要となるトルク T は，式(4.16)の両辺に $D/2$ を乗じて次式となる。

$$T = F\frac{D}{2} = \frac{D}{2}P\tan(\theta+\phi_0) = 98.0 [\text{N·m}] \qquad (d)$$

◇

4.5.4 軸受の摩擦

回転運動または直線運動をする軸を支える機械要素を**軸受**（bearing）という。図4.23(a)に示すように回転軸に直角な方向の荷重を支える軸受を**ラジアル軸受**（radial bearing），図(b)に示すように軸方向の荷重を支える軸受を**スラスト軸受**（thrust bearing）という。

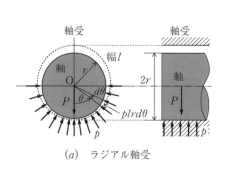
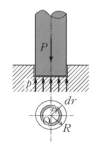

(a) ラジアル軸受 　　　(b) スラスト軸受

図4.23　軸受の摩擦

〔**1**〕 **ラジアル軸受の場合**　図(a)のように軸受が，半径 r，幅 l の軸に働く半径方向荷重 P を支持している。軸の下側半分が軸受から単位面積当り p の一様な反力を受けているものと仮定する。

この p を平均軸受け圧力という。任意の中心角 θ における微小角 $d\theta$ から定まる接触部の微小面積 $dA = rd\theta l$ に作用する微小な力 dP は

$$dP = pdA = prd\theta l$$

である。この微小力の荷重方向の総和が荷重 P と等しくなるから，つぎの式が成り立つ。

$$P = \int_{-\pi/2}^{\pi/2} prl \cos\theta d\theta = 2prl \qquad (4.20)$$

よって，軸受圧力 p は

$$p = \frac{P}{2rl} \qquad (4.21)$$

である。ここで，固体どうしの接触面の摩擦係数の概念を使い，摩擦係数を μ とすれば，微小部分の摩擦力 dF は

$$dF = \mu pdA = \mu \frac{P}{2rl} rd\theta l = \frac{\mu P}{2} d\theta$$

となる。したがって，軸受の摩擦力 F は上式を $\theta = -\pi/2 \sim \pi/2$ まで積分して求められる。

$$F = \int_{-\pi/2}^{\pi/2} \frac{\mu P}{2} d\theta = \frac{\pi \mu P}{2} \qquad (4.22)$$

また，摩擦力のモーメント M_0 は軸の半径は r であるから

$$M_0 = \frac{\pi \mu r P}{2} \qquad (4.23)$$

となる。実際には軸受圧力 p は一様ではなく，中心角 θ とともに変化することや，摩擦係数が軸と軸受間の潤滑状態の良し悪しにも依存するので注意を要する。

〔2〕 **スラスト軸受の場合**　図(b)のように軸受が半径 R の軸端部に働く軸方向荷重 P を支持している。軸端部は軸受から単位面積当り p の一様な反力を受けているものとすれば，p は

$$p = \frac{P}{\pi R^2} \qquad (4.24)$$

となる。任意の半径 r における微小幅 dr で定まる微小面積 $dA = 2\pi rdr$ に作用する微小力 dP は

$$dP = pdA = \frac{P}{\pi R^2} 2\pi r dr = \frac{2Prdr}{R^2}$$

である。軸端部と軸受の接触面での摩擦係数を μ とすれば，微小な力 dP の軸芯 O に関するモーメント dM_o は $dM_o = \mu r dP$ であるから，接触部全体の摩擦力によるモーメントは次式となる。

$$M_o = \int_0^R \mu r dP = \int_0^R \frac{2\mu P r^2}{R^2} dr = \frac{2}{3}\mu PR \qquad (4.25)$$

例題 4.8 図 4.23(a) において，回転軸の半径 $r = 50$ [mm]，荷重 $P = 3$ [kN] とする。軸受全体の摩擦力 F と摩擦力のモーメント M_o を求めよ。ただし，摩擦係数を $\mu = 0.01$ とする。

【解答】 式(4.22)および式(4.23)より，摩擦力 F と摩擦力のモーメント M_o はそれぞれ

$$F = \frac{\pi \mu P}{2} = \frac{\pi \times 0.01 \times 3 \times 10^3}{2} = 47.1 \text{ [N]}$$

$$M_o = \frac{\pi \mu r P}{2} = \frac{\pi \times 0.01 \times 50 \times 10^{-3} \times 3 \times 10^3}{2} = 2.36 \text{ [N·m]}$$

である。　　　　　　　　　　　　　　　　　　　　　　　　　　　　◇

演 習 問 題

【1】 問図 4.1 に示すように，長さ l，質量 m の棒が垂直な壁面と水平な床面に立てかけられている。壁面および床面と棒との摩擦係数を μ_s とし，極限釣合いの状態にあるものとするとき，棒の床面との傾き θ を求めよ。

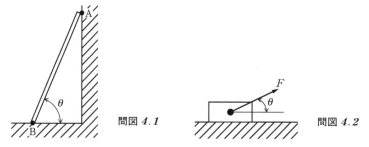

問図 4.1　　　　　　　　　問図 4.2

【2】 問図 4.2 に示すように，水平な床面に質量 m の物体が置かれている。この物体を動かすことのできる最小の力 F とその方向 θ を求めよ。ただし，物体と

床面の静摩擦角は ϕ_0 である。

【3】 問図 4.3 に示すように，ブロック A がくさび B を移動させることにより上下動する。静摩擦係数がすべての接触面において 0.3 であるとき，ブロック A を持ち上げるのに必要な力 F_1 を求めよ。ただし，$W=3$ [kN] はブロック A の重さを含むものとし，くさび B の質量は無視できるものとする。

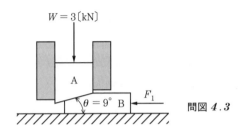

問図 4.3

【4】 問題【3】で，ブロック A を引き下げるのに必要な力 F_2 を求めよ。

【5】 問図 4.4 に示すように，丸太を割るために中心角 $10°$ のくさびを使用した。くさびと丸太の静摩擦係数は，$\mu_s=0.25$ である。くさびを押し込むのに，$F=500$ [N] の力を必要とする。途中で力 F を除去したとき，くさびが丸太より受ける力 R_s はどれほどか。ただし，くさびの重さは無視できるものとする。

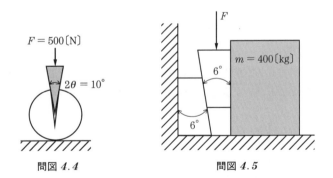

問図 4.4 　　　　　　　問図 4.5

【6】 問図 4.5 に示すように，質量 m のブロックを動かすために角 $6°$ のくさびを使用した。接触面の静摩擦係数を $\mu_s=0.3$ とするとき，ブロックを動かすのに必要な力 F を求めよ。ただし，くさびの質量は無視できるものとする。

【7】 問図 4.6 に示す装置を用いて，木材 A と B を接着するために角ねじにより締め付けている。このねじの平均半径は，$r=10$ [mm]，ピッチは，$p=4$

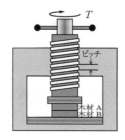

問図 4.6

〔mm〕である.摩擦係数を $\mu_s=0.3$ とし,締め付けトルクを $T=50$〔N・m〕とするとき,木材に働く力 P を求めよ.

【 8 】 問題【 7 】で,ねじを弛めるのに必要なトルク T_2 を求めよ.

【 9 】 ロープを円柱に 5 回巻き付けて 10〔N〕の力で 10〔kN〕の引張力に耐えた.ロープと円柱間の摩擦係数を求めよ.

【10】 問図 4.7 のバンドブレーキで,ブレーキドラムが駆動トルク 360〔N・m〕で右回りに回転している.これを停止させるには,ブレーキレバーの先端にいくらの力 F を加えればよいか.ただし,ベルトとブレーキドラムの間の静摩擦係数は 0.3 とする.

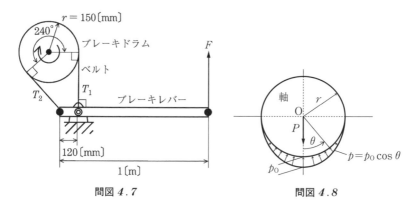

問図 4.7 問図 4.8

【11】 問図 4.8 は半径 r,幅 l の軸受で,軸受圧力分布 p を以下のように仮定した場合である($4.5.4$ 項の図 $4.23(a)$ ラジアル軸受参照).

$$p=p_0\cos\theta$$

軸方向荷重を P として圧力分布の最大値 p_0,および軸の中心線に関する摩擦力によるモーメント M_0 求めよ.ただし,摩擦係数を μ とする.

5

運 動 学

　物体が時間の経過とともに，その位置，速度および加速度などが変わっていく状態を**運動**（motion）といい，その力学を**運動学**（kinematics）という．物体の運動は物体全体を1質点の運動とみなせる場合と，みなせない場合がある．前者を並進運動，後者を回転運動という．本章ではこれらの運動について説明する．

5.1 並 進 運 動

5.1.1 直線運動と曲線運動

　図 5.1(a), (b)のようにある物体中に線分$\overline{A_1B_1}$を描いたと仮定する．この物体が動き，線分$\overline{A_5B_5}$に至るまで，途中の線分$\overline{A_2B_2}$, $\overline{A_3B_3}$, $\overline{A_4B_4}$はいずれも線分$\overline{A_1B_1}$に平行である．このような自転を伴わない運動を**並進運動**（translational motion）という．図において，$\widehat{A_1A_5}$, $\widehat{B_1B_5}$のような運動の**軌跡**（trace）を**経路**（path），また，経路に沿った長さを**行程**（course length）と

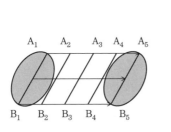
(a) 直 線 運 動

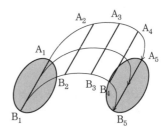
(b) 曲 線 運 動

図 5.1　並 進 運 動

いう。このように考えると並進運動している物体は任意の1点の運動で代表させることができるので**質点の運動学** (kinematics of material point) ともいう。なお,経路が図(a)のように直線の場合を**直線運動** (linear motion),図(b)のように曲線の場合を**曲線運動** (curved motion) という。

5.1.2 距離と変位

図 5.2 は1点がPからQまで曲線運動する様子を示す。原点Oを始点とするベクトル $\overrightarrow{\mathrm{OP}}=r$, $\overrightarrow{\mathrm{OQ}}=r+\varDelta r$ を**位置ベクトル**という。このベクトルのP, Qを結ぶ線分 $\overrightarrow{\mathrm{PQ}}=\varDelta r$ を点Oに関する**変位ベクトル** (displacement vector) といい,質点が変位 (displacement) $\overrightarrow{\mathrm{PQ}}$ をなしたという。変位は質点の運動の始点と終点の位置だけによって定まり,経路には関係がない。変位ベクトル $\varDelta r$ の**大きさ** (magnitude)は,$\varDelta r$ の絶対値 $|\varDelta r|=\varDelta r$ で表され,これを始点と終点の間の**距離** (distance) という。

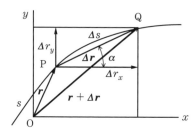

図 5.2 変位ベクトルの直角成分

変位ベクトル $\varDelta r$ の直角座標系の x, y 方向成分はそれぞれ,$\varDelta r_x$, $\varDelta r_y$ で表され,$\varDelta r$ の大きさ $\varDelta r$,方向 α の間には図 5.2 より,つぎの関係が成り立つ。

$$\varDelta r = \sqrt{\varDelta r_x^2 + \varDelta r_y^2} \tag{5.1}$$

$$\alpha = \tan^{-1}\left(\frac{\varDelta r_y}{\varDelta r_x}\right) \tag{5.2}$$

α は変位ベクトル $\varDelta r$ が x 軸となす角度である。

5.1.3 速さと速度

図 5.2 において物体が時間 t で点 P に，その後時間 $t+\Delta t$ で点 Q に達するものとする．いま P から Q までの行程を Δs とし，これを時間 Δt で割った値

$$v = \frac{\Delta s}{\Delta t} \tag{5.3}$$

を**平均の速さ**といい，速度の大きさのみを表す．

時間 Δt を 0 に近づけると点 P と点 Q は限りなくたがいに近づき，$\Delta s/\Delta t$ も限りなく一定の値 v に近づく．すなわち

$$v = \lim_{\Delta t \to 0} \frac{\Delta s}{\Delta t} = \frac{ds}{dt} \tag{5.4}$$

この v を時刻 t での速さという．速さはスカラー量である．

いま，図 5.2 のように $\boldsymbol{r}$, $\boldsymbol{r}+\Delta \boldsymbol{r}$ をそれぞれ点 O に関する点 P, Q の位置ベクトルとすると，$\Delta \boldsymbol{r}$ は時間 Δt での変位であるから，Δt を限りなく小さくすれば

$$\boldsymbol{v} = \lim_{\Delta t \to 0} \frac{\Delta \boldsymbol{r}}{\Delta t} = \frac{d\boldsymbol{r}}{dt} \tag{5.5}$$

この $\boldsymbol{v}$ を時間 t での**速度**（velocity）という．速度 $\boldsymbol{v}$ は変位ベクトルの時間的変化の割合を表し大きさ，方向および向きを持つベクトル量である．

行程 s と速度の大きさ v および時間 t との関係は式（5.4）より

$$s = \int_0^t v(t)\,dt \tag{5.6}$$

これは図 5.3 において灰色の面積に等しい．すなわち，この面積が行程に等しいことがわかる．

速度の大きさが一定（$v = v_0$）の場合の運動を**等速度運動**（uniform veloc

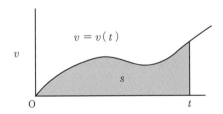

図 5.3　v–t 線図

ity motion) という。このとき，式 (5.6) は

$$s = \int v_0\, dt = v_0 t + c$$

となる。ここで c は積分定数で，初期条件 $t=0$ において $s=s_0$ とすれば，$c=s_0$ となる。したがって，この場合，行程 s と時間 t との関係は

$$s = v_0 t + s_0 \tag{5.7}$$

となり，図 **5.4** に示すように行程は時間に正比例することがわかる。

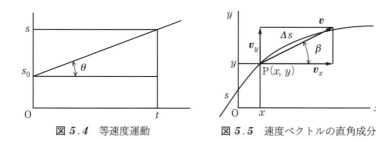

図 **5.4** 等速度運動　　図 **5.5** 速度ベクトルの直角成分

経路の任意の点 P (x, y) における速度と x, y 方向の速度成分の大きさをそれぞれ v, v_x, v_y とすれば図 **5.5** からつぎの関係が成り立つ。

$$v = \sqrt{v_x{}^2 + v_y{}^2} \tag{5.8}$$

$$\beta = \tan^{-1}\left(\frac{v_y}{v_x}\right) \tag{5.9}$$

β は速度ベクトル $\boldsymbol{v}$ が x 軸となす角度である。

ここで，点 P の座標 (x, y) は x, y 軸方向の行程を表しているから，速度成分の大きさ v_x, v_y は

$$v_x = \frac{dx}{dt} \tag{5.10}$$

$$v_y = \frac{dy}{dt} \tag{5.11}$$

と表すことができる。

5.1.4 加　速　度

図 **5.6** に示すように，質点が経路 $\stackrel{\frown}{\mathrm{PQ}}$ に沿って運動し，点 A における速度

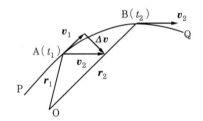

図 5.6 加 速 度

を v_1,点 B における速度を $v_2 = v_1 + \Delta v$ とする。速度の場合と同様にして,$\Delta v/\Delta t$ の時間に関する極限値を求めると,時間 t における**加速度**(acceleration)a はつぎのように求められる。

$$a = \lim_{\Delta t \to 0} \frac{\Delta v}{\Delta t} = \frac{dv}{dt} = \frac{d^2 r}{dt^2} \tag{5.12}$$

加速度 a もベクトル量である。また,加速度の大きさは

$$|a| = \frac{dv}{dt} = \frac{d^2 s}{dt^2} \tag{5.13}$$

すなわち,加速度の大きさは速度を時間で1回,または行程を時間で2回微分して求めることができる。

加速度の大きさ a が一定($a = a_0$)の運動を**等加速度運動**(uniform acceleration motion)といい

$$\frac{dv}{dt} = \frac{d^2 s}{dt^2} = a_0 \quad (一定) \tag{5.14}$$

で表される。速度の大きさ v および行程 s はそれぞれ式(5.12)を時間で2回順次積分して

$$v = \int a\,dt = a_0 t + c_1$$

$$s = \int v\,dt = \int (a_0 t + c_1)\,dt = \frac{1}{2} a_0 t^2 + c_1 t + c_2$$

となる。初期条件 $t = 0$ において,行程 $s = s_0$,速度の大きさ $v = v_0$ とすれば積分定数は $c_1 = v_0$, $c_2 = s_0$ となる。以上を整理すると,任意の時間 t での速度の大きさ v と行程 s はそれぞれ

$$v = a_0 t + v_0 \tag{5.15}$$

$$s = \frac{1}{2} a_0 t^2 + v_0 t + s_0 \tag{5.16}$$

式 (5.16) の右辺第1,2項は図 **5.7** の三角形 ABD と長方形 OABC の面積をそれぞれ表す。$s_0 = 0$ とおいて式 (5.15) と式 (5.16) から t を消去すると

$$v^2 - v_0^2 = 2as \tag{5.17}$$

が得られる。式 (5.17) は速度の大きさと加速度の大きさおよび変位との関係を示す。

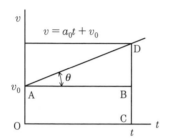

図 **5.7** 等加速度運動

5.1.5 一般の運動

加速度の大きさが時間の関数として与えられる場合は次式の形で表される。

$$\frac{d^2 s}{dt^2} = \frac{dv}{dt} = a(t) \tag{5.18}$$

$t=0$ での初速度を v_0 とすれば、時間 t における速度の大きさ v は次式となる。

$$v = \int_0^t a(t)\,dt + v_0 = f(t) + v_0 \tag{5.19}$$

ここで

$$f(t) = \int_0^t a(t)\,dt \tag{5.20}$$

である。

さらに初期行程を 0 とすれば、時間 t における行程 s が求められる。

$$s = \int_0^t f(t)\,dt + v_0 \int_0^t dt + s_0 \qquad (5.21)$$

〔注〕 以下，本書では，速度，加速度等の大きさを問題とする場合は特別な場合を除いて，単に速度，加速度とし，「の大きさ」を省略する。

例題 5.1 列車が A, B 駅間を，図 5.8 に示すように等加速度で走行し 2 分後に一定の速度 $v_0 = 100$〔km/h〕に達する。そして出発後 10 分で等減速度を始めて 2 分後に停止するという。両駅間の行程を求めよ。

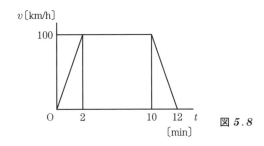

図 5.8

【解答】 図 5.8 の台形の面積が走行行程 s となるので

$$s = \frac{1}{2}\left(\frac{100}{60}\right) \times 2 + \left(\frac{100}{60}\right) \times 8 + \frac{1}{2}\left(\frac{100}{60}\right) \times 2 = 16.7 \,〔\text{km}〕$$

となる。 ◇

例題 5.2 時速 $v_0 = 250$〔km/h〕で走行中の列車がブレーキをかけて $t = 45$〔s〕後に止まった。このときの加速度 a と走行行程 s を求めよ。

【解答】 式 (5.15) より，$0 = 45 \times a + 250 \times 1\,000/3\,600$。よって $a = -1.543 ≒ -1.54$〔m/s²〕。また，式 (5.17) より，$0 - v_0^2 = 2a\,250\,as$ であるから

$$s = \frac{-v_0^2}{2a} = \frac{-\left(250 \times \frac{1\,000}{3\,600}\right)^2}{2 \times (-1.543)} = 1.56 \,〔\text{km}〕$$

となる。

例題 5.3 ある物体が進んだ行程 s が時間の関数として

$$s(t) = 2t^3 + 10t^2 + 4t + 20 \,〔\text{m}〕$$

で表されるとき，この物体が動き出してから時間 $t=5$ [s] 後の行程 s, 速度 v および加速度 a を求めよ．

【解答】 行程は $s(t)=(2t^3+10t^2+4t+20)_{t=5}=540$ [m]
速度 v と加速度 a はそれぞれ，式 (5.4), (5.13) より

$$v=\left(\frac{ds}{dt}\right)_{t=5}=(6t^2+20t+4)_{t=5}=254 \text{ [m/s]}$$

$$a=\left(\frac{dv}{dt}\right)_{t=5}=(12t+20)_{t=5}=80.0 \text{ [m/s}^2\text{]}$$

である． ◇

例題 5.4 車が直線道路を速度 $v=t^2+t$ [m/s] で走り出した．出発してから $t=3$ [s] 後の行程 s, 速度 v, 加速度 a を求めよ．

【解答】 行程 s は，式 (5.21) より

$$s=\int_0^3 v(t)\,dt=\int_0^3 (t^2+t)\,dt=\left[\frac{1}{3}t^3+\frac{t^2}{2}\right]_0^3=13.5 \text{ [m]}$$

速度 v は，$v=(t^2+t)_{t=3}=3^2+3=12.0$ [m/s] である．
また式 (5.13) より加速度 a は $a=(dv/dt)_{t=3}=(2t+1)_{t=3}=7.00$ [m/s^2] となる． ◇

例題 5.5 静止状態から動き出して進んだ行程がその速度の2乗に比例するとき，この物体は等加速度運動していることを示せ．また，動き出してから 100 [m] の位置での速度が 12 [m/s] であったとすれば加速度 a はいくらか．

【解答】 進んだ行程を s, 速度を ds/dt, 比例定数を c とすれば，$s=c(ds/dt)^2$．両辺を時間で微分すれば，$ds/dt=2c(ds/dt)(d^2s/dt^2)$．よって加速度の大きさは $a=d^2s/dt^2=1/2c$（一定）となるので等加速度運動である．また，題意より $c=100/(12)^2=0.694$ となり，$a=1/(2\times 0.694)=0.720$ [m/s^2] である． ◇

5.1.6 接線加速度と法線加速度

図 5.9(a) は，質点が時間 Δt の間に位置 P から Q に移動している状態を示す．経路 $\overparen{PQ}$ に対する接線方向の加速度を接線加速度といい a_t で示し，法線方向の加速度を法線加速度と呼び a_n で示す．以下，a_t, a_n について考え

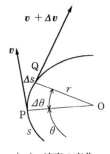 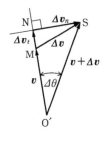

（a）速度の変化　　　（b）速度ベクトル成分
図 5.9　接線加速度と法線加速度

てみる。

P，Q それぞれの位置において速度が v，$v+\varDelta v$ であるとする。つぎに任意点 O′ を始点として速度ベクトル v，$v+\varDelta v$ を平行移動させて図(b)のような三角形 O′MS を描く。ベクトル $v+\varDelta v$ の終点 S から速度ベクトル v の延長線上に下ろした垂線を SN とする。図(a)と図(b)の速度の方向を比べると線分 $\overline{\text{MN}}=\varDelta v_t$ が経路に対する接線速度の増分，また，線分 $\overline{\text{SN}}=\varDelta v_n$ が法線速度の増分となる。$\varDelta \theta$ が微小であれば，$\cos \varDelta \theta \fallingdotseq 1$，$\sin \varDelta \theta \fallingdotseq \varDelta \theta$ であり高次の微小量を省略すると

$$\overline{\text{MN}}=\varDelta v_t=(v+\varDelta v)\cos \varDelta \theta - v \fallingdotseq \varDelta v$$

$$\overline{\text{SN}}=\varDelta v_n=(v+\varDelta v)\sin \varDelta \theta \fallingdotseq v\varDelta \theta$$

となる。

したがって，接線加速度 a_t は

$$a_t=\lim_{\varDelta t \to 0}\frac{\varDelta v}{\varDelta t}=\frac{dv}{dt} \tag{5.22}$$

となる。また，図(a)において行程 $\varDelta s$ は点 P での曲率半径 r と中心角 $\varDelta \theta$ との積に等しい。すなわち，$\varDelta s=r\varDelta \theta$ であるから，法線加速度 a_n は

$$a_n=\lim_{\varDelta t \to 0}\frac{v\varDelta \theta}{\varDelta t}=\lim_{\varDelta t \to 0}v\frac{\varDelta s}{\varDelta t}\cdot\frac{1}{r}=\frac{v^2}{r} \tag{5.23}$$

となる。したがって，経路の任意点での加速度 a は次式で表される。

$$a = \sqrt{a_t{}^2 + a_n{}^2} = \sqrt{\left(\frac{dv}{dt}\right)^2 + \left(\frac{v^2}{r}\right)^2} \qquad (5.24)$$

例題 5.6 図 5.10 のように, 速度 $v=72$ [km/h] で走行中の列車がカーブに来たので, A 地点から C 地点までの 10 秒間に 54 [km/h] まで減速した。減速を始めてから 7 秒後に B 地点に到達し車内の加速度計が $a=1$ [m/s^2] を示したという。この時点での曲率半径 R はいくらか。

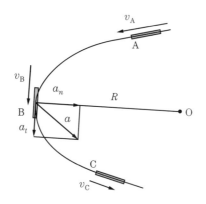

図 5.10

【解答】 地点 A, C での速度 v_A, v_C はそれぞれ

$$v_A = \frac{(72 \times 1\,000)}{3\,600} = 20 \text{ [m/s]}$$

$$v_C = \frac{(54 \times 1\,000)}{3\,600} = 15 \text{ [m/s]}$$

したがって, AC 間でのカーブに沿う平均の接線加速度 a_{tm} は

$$a_{tm} = \frac{(15-20)}{10} = -0.5 \text{ [m/s}^2\text{]}$$

である。地点 B での速度は

$$v_B = v_A + a_m t = 20 + (-0.5) \times 7 = 16.5 \text{ [m/s]}$$

である。また, 地点 B での接線加速度と法線加速度をそれぞれ a_t, a_n とすれば, $a^2 = a_t{}^2 + a_n{}^2$ であるから

$$a_n{}^2 = a^2 - a_t{}^2 = 1^2 - (-0.5)^2 = 0.75 \quad \therefore \quad a_n = 0.866 \text{ [m/s}^2\text{]}$$

となる。したがって式 (5.23) より

$$R = \frac{v_B{}^2}{a_n} = \frac{16.5^2}{0.866} = 314 \text{ [m]}$$

である。

5.1.7 放物運動

図 5.11 のように，空中で物体を斜め上方に仰角 θ で投げた場合の運動を考える．空気抵抗を無視すると，物体には x 方向の加速度は働かないので

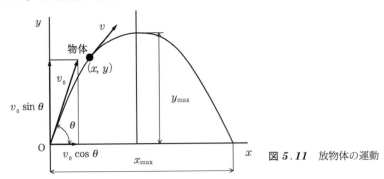

図 5.11 放物体の運動

$$a_x = \frac{dv_x}{dt} = 0 \tag{5.25}$$

となる．また y 方向には下方に重力加速度 g が作用しているので

$$a_y = \frac{dv_y}{dt} = -g \tag{5.26}$$

である．時間 t でそれぞれ積分すると x, y 方向の速度の一般解がつぎのように得られる．

$$v_x = \frac{dx}{dt} = c_1$$

$$v_y = \frac{dy}{dt} = -gt + c_2$$

さらに，積分を行うと x, y 方向の行程の一般解が求められる．

$$x = c_1 t + c_3$$

$$y = -\frac{1}{2} g t^2 + c_2 t + c_4$$

積分定数 c_1, c_2, c_3, c_4 は初期条件により定まる．v_0 を初速度とすれば，初期条件は図 5.11 より，時間 $t=0$ において，$x=0, y=0$ である．また，x, y

方向の速度はそれぞれ $v_x = v_0 \cos\theta$, $v_y = v_0 \sin\theta$ である．これらの条件から $c_1 = v_0 \cos\theta$, $c_2 = v_0 \sin\theta$, $c_3 = 0$, $c_4 = 0$ が得られる．

以上をまとめると，速度成分 v_x, v_y と x, y 方向の行程は次式となる．

$$v_x = v_0 \cos\theta \tag{5.27}$$

$$v_y = -gt + v_0 \sin\theta \tag{5.28}$$

$$x = (v_0 \cos\theta)t \tag{5.29}$$

$$y = -\frac{1}{2}gt^2 + (v_0 \sin\theta)t \tag{5.30}$$

経路は式 (5.29) と (5.30) から時間 t を消去すれば求められる．すなわち

$$y = -\frac{1}{2}\frac{g}{v_0^2 \cos^2\theta}x^2 + (\tan\theta)x \tag{5.31}$$

となる．式 (5.31) は図 **5.11** に示すように上に凸の放物線となる．これが**放物運動** (parabolic motion) と呼ばれるゆえんである．

つぎに放物運動についていくつかの特徴を示す．

〔**1**〕**最高点** $y_{\max}$　　最高点では y 方向の速度 v_y は 0 となる．したがって，式 (5.28) で，$v_y = 0$ とおけば，投げ上げてから最高点に達するまでの時間 t_1 が

$$t_1 = \frac{v_0 \sin\theta}{g} \tag{5.32}$$

として得られる．さらに，式 (5.32) を式 (5.30) に代入すれば，次式で最高点 $y_{\max}$ が求められる．

$$y_{\max} = \frac{(v_0 \sin\theta)^2}{2g} \tag{5.33}$$

〔**2**〕**到達距離** $x_{\max}$　　物体が再び地面 ($y = 0$) に戻ってくるまでの時間 t_2 は，最高点に達するまでの時間の 2 倍である．すなわち

$$t_2 = \frac{2v_0 \sin\theta}{g} \tag{5.34}$$

であるから到達距離 $x_{\max}$ は式 (5.34) を式 (5.29) に代入すればよい．

$$x_{\max} = \frac{2v_0^2 \cos\theta \sin\theta}{g} = \frac{v_0^2 \sin 2\theta}{g} \tag{5.35}$$

行程 x が最大となるのは，式 (5.35) より，$\sin 2\theta = 1$ すなわち，仰角 $\theta = 45°$ のときであることがわかる。

例題 5.7 図 5.12 のように高さ h のビルの屋上から玉を自然落下させる。また，同時にビルの直下から距離 s だけ離れた地上の点 O から石を θ の仰角で斜め上へ投げてこの玉に命中させたい。地上から何度の仰角で石を投げればよいか。

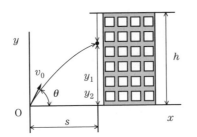

図 5.12

【解答】 地上の点 O を原点にとる。衝突するまでの時間を t_0，石の初速度を v_0 とすれば，式 (5.29) より，$t_0 = s/v_0 \cos\theta$ となる。このとき，式 (5.31) より，地上から投げた石の地上からの高さ y_1 は

$$y_1 = -\frac{1}{2} g \left(\frac{s}{v_0 \cos\theta} \right)^2 + (\tan\theta) s \tag{a}$$

である。また，ビルから自由落下する玉の，時間 $t_0 = s/v_0 \cos\theta$ における地上からの高さ y_2 は式 (5.30) より

$$y_2 = h - \frac{1}{2} g \left(\frac{s}{v_0 \cos\theta} \right)^2 \tag{b}$$

である。$y_1 = y_2$ でなければならないから

$$-\frac{1}{2} g \left(\frac{s}{v_0 \cos\theta} \right)^2 + (\tan\theta) s = h - \frac{1}{2} g \left(\frac{s}{v_0 \cos\theta} \right)^2 \tag{c}$$

となる。これを整理すると

$$\tan\theta = \frac{h}{s} \tag{d}$$

という関係式が得られる。すなわちビルの屋上をめがけて投げればよい。 ◇

〔3〕 **任意点に放物体が到達するための条件** $\tan\theta = \lambda$ とおいて，式 (5.31) を書き換えると

$$y = \lambda x - \frac{(1+\lambda^2)g}{2v_0^2}x^2 \tag{5.36}$$

となる。高度の到達限界とは,仰角 θ の変化に対して物体の高度が変化しなくなることを意味するので,式 (5.36) を λ で微分して 0 とおけばその条件式が得られる。

$$\lambda = \frac{v_0^2}{gx} \tag{5.37}$$

式 (5.37) を式 (5.36) に代入すれば到達限界が求められる。到達限界の座標を一般化して x_0, y_0 と表せば

$$y_0 = \frac{v_0^2}{2g} - \frac{g}{2v_0^2}x_0^2 \tag{5.38}$$

となり放物線である。図 5.13 に物体の到達限界の x_0 と y_0 との関係を示す。横軸は任意の仰角 θ における水平方向到達距離 x_0 と,$\theta = 45°$ のときの最大水平到達距離 v_0^2/g との比を,また,縦軸は,任意の仰角 θ における鉛直方向到達距離 y_0 と,$\theta = 90°$ のときの最大鉛直方向到達距離 $v_0^2/2g$ との比をとり,それぞれ無次元化して表している。包絡線が到達限界を表している。

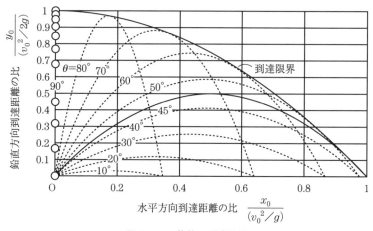

図 5.13 物体の到達限界

例題 5.8 初速度 v_0 で物体を仰角 α で投げ上げ,水平行程 x_0 にある標的 P

に命中させたい。図 5.14 に示すように，仰角 α_1 だと標的の手前 a に，また仰角 α_2 であれば標的より b だけ遠くに落ちるという。どの仰角 α であれば命中するか。また，標的までの水平行程 x_0 と初速度 v_0 はいくらか。

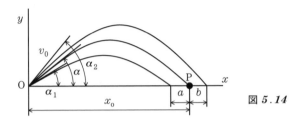

図 5.14

【解答】 各仰角の場合についてつぎの式が成り立つ。

$\alpha_1:(v_0\cos\alpha_1)t_1 = x_0 - a$ （a）　　$0 = (v_0\sin\alpha_1)t_1 - \dfrac{1}{2}gt_1^2$ （b）

$\alpha_2:(v_0\cos\alpha_2)t_2 = x_0 + b$ （c）　　$0 = (v_0\sin\alpha_2)t_2 - \dfrac{1}{2}gt_2^2$ （d）

$\alpha:(v_0\cos\alpha)t = x_0$ 　　　　（e）　　$0 = (v_0\sin\alpha)t - \dfrac{1}{2}gt^2$ （f）

式（a）〜（d）より t_1, t_2 を消去すれば v_0 と x_0 がつぎのようにそれぞれ求められる。

$x_0 = \dfrac{a\sin 2\alpha_2 + b\sin 2\alpha_1}{\sin 2\alpha_2 - \sin 2\alpha_1}$

$v_0^2 = \dfrac{(a+b)g}{\sin 2\alpha_2 - \sin 2\alpha_1}$

式（e），（f）から，$v_0^2 \sin 2\alpha - gx_0 = 0$ となるので，この式に x_0, v_0 を代入すると，仰角 α がつぎのように得られる。

$\alpha = \dfrac{1}{2}\sin^{-1}\left(\dfrac{a\sin 2\alpha_2 + b\sin 2\alpha_1}{a+b}\right)$ 　　　　　　　　　　（g）

◇

5.2 回 転 運 動

図 5.15 に示すように，物体が点 O において紙面に垂直な軸を中心に回る運動を**回転運動** (rotational motion) という。この場合，物体全体は一定回転速度 ω で回転しているが，異なる2点 A, B の接線方向の速度 v_A, v_B はそ

れぞれ $v_A = r_A\omega$, $v_B = r_B\omega$ となって等しくない．したがって回転運動では並進運動の場合のように運動を1点に代表させて表現することはできない．

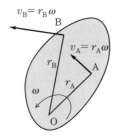

図 5.15 回転運動

5.1節において，並進運動における変位，速度，加速度を，それぞれ x, v, a で表したが，回転運動の場合は角度に関する変位，速度，加速度という概念を取り入れて，それぞれ**角変位** (angular displacement) θ 〔rad〕, **角速度** (angular velocity) ω 〔rad/s〕, **角加速度** (angular acceleration) α 〔rad/s²〕と定義する．回転運動における角変位，角速度，角加速度と区別するために，並進運動の場合の変位 x, 速度 v および加速度 a を特に，それぞれ線変位，線速度および線加速度という表現をする場合がある．並進運動と，回転運動の間にはそれぞれ円周上の変位 $s = r\theta$, 接線方向の速度 $v = r\omega$, 接線方向の加速度 $a_t = r\alpha$, 法線方向の加速度 $a_n = r\omega^2$ という関係がある．

回転機械の速さは多くの場合1分間当りの回転数 n 〔rpm：revolutions per minute〕で表示される．この n と角速度 ω の関係は次式により与えられる．

$$\omega = \frac{2\pi n}{60} \tag{5.39}$$

図 5.16 は物体が点 O を中心に角速度 ω で回転している様子を示す．物体中に任意点 $A(x, y)$ をとり，回転の中心 O からの半径を r とする．点 A の x, y 方向の線変位はそれぞれ

$$x = r\cos\omega t \tag{5.40}$$
$$y = r\sin\omega t \tag{5.41}$$

である．

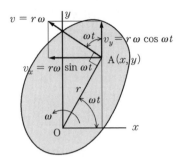

図 5.16 回転している物体の線速度

また，x, y 軸方向の線速度成分 v_x, v_y は式 (5.40), (5.41) をそれぞれ時間 t で微分して

$$v_x = -r\omega \sin \omega t = -\omega y \tag{5.42}$$

$$v_y = r\omega \cos \omega t = \omega x \tag{5.43}$$

となる。

さらに，x, y 軸方向の線加速度成分 a_x, a_y は式 (5.42), (5.43) をそれぞれ時間 t で微分して

$$a_x = -r\omega^2 \cos \omega t = -\omega^2 x \tag{5.44}$$

$$a_y = -r\omega^2 \sin \omega t = -\omega^2 y \tag{5.45}$$

となる。

例題 5.9 図 5.17 は半径 $R = 500$ [mm] の車輪が水平面上を中心点の一定速度 $v_0 = 10$ [m/s] で滑ることなく転がっていく状態を示す。車輪の接地点 P の時間 $t = 10$ [s] での合成変位 d，合成速度 v，および合成加速度 a を求めよ。

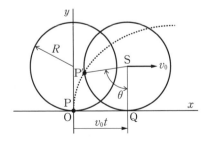

図 5.17 車輪の回転運動

【解答】 接地点 P を x, y 座標の原点にとり，時間 t 後の点 P の位置を P′，接地点を Q とすると，弧 $\widehat{\text{QP}'} = v_0 t$，$\angle \text{QSP}' = v_0 t / R$ となる．したがって，点 P′ の x, y 座標は

$$x = v_0 t - R \sin\theta = v_0 t - R \sin\frac{v_0 t}{R} \tag{a}$$

$$y = R - R\cos\theta = R - R\cos\frac{v_0 t}{R} \tag{b}$$

合成変位 d は式 (a), (b) を次式に代入し簡単化すれば求められる．

$$d = \sqrt{x^2 + y^2} = \sqrt{(v_0 t)^2 + 2R^2 - 2R\left\{v_0 t \sin\frac{v_0 t}{R} + R\cos\frac{v_0 t}{R}\right\}} \tag{c}$$

与えられた数値を式 (c) に代入すれば $d = 100$ [m] が得られる．

つぎに，合成速度を求める．式 (a), (b) をそれぞれ時間 t で微分する．

$$v_x = v_0\left\{1 - \cos\frac{v_0 t}{R}\right\} \tag{d}$$

$$v_y = v_0 \sin\frac{v_0 t}{R} \tag{e}$$

合成速度 v は式 (d), (e) を次式に代入し簡単化すれば求められる．

$$v = \sqrt{v_x^2 + v_y^2} = \sqrt{2}\, v_0 \sqrt{1 - \cos\frac{v_0 t}{R}} \tag{f}$$

与えられた数値を式 (f) に代入すれば

$$v = 10.88 \,[\text{m/s}]$$

となる．最後に合成加速度を求める．式 (d), (e) をそれぞれ時間 t で微分する．

$$a_x = \frac{v_0^2}{R} \sin\frac{v_0 t}{R} \tag{g}$$

$$a_y = \frac{v_0^2}{R} \cos\frac{v_0 t}{R} \tag{h}$$

合成加速度 a は，式 (g), (h) を次式に代入すれば求められる．

$$a = \sqrt{a_x^2 + a_y^2} = \frac{v_0^2}{R} \tag{i}$$

与えられた数値を式 (i) に代入すれば $a = 200\,[\text{m/s}^2]$ となる． ◇

ここで回転運動と並進運動の組み合わせとして代表的な往復機関の運動について考えてみる．

図 *5.18* はピストンが往復運動する内燃機関を示す．クランク軸は角速度 ω で回転するのに対し，ピストン P は並進運動をする．ピストンの変位 d，速度 v，および加速度 a をつぎに求める．クランクの半径を R，コネクティ

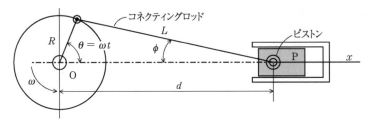

図 **5.18**　ピストンが往復運動する内燃機関

ングロッドの長さを L，クランクの回転角度を $\theta = \omega t$，コネクティングロッドと x 軸がなす角度を ϕ とする。

クランク軸からピストンまでの距離の変化がピストンの変位 d であるから
$$d = R \cos \omega t + L \cos \phi \tag{5.46}$$
となる。また，角度 ϕ と ωt との関係は $L \sin \phi = R \sin \omega t$ である。$\sin^2 \phi + \cos^2 \phi = 1$ であるから
$$\cos \phi = \sqrt{1 - \left(\frac{R}{L}\right)^2 \sin^2 \omega t}$$
の関係が導かれる。実際の内燃機関の場合は $R/L = 1/3 \sim 1/5$ で，$(R/L)^2$ は 1 に比べ十分小さいので，前の式は近似的に
$$\cos \phi = 1 - \frac{1}{2}\left(\frac{R}{L}\right)^2 \sin^2 \omega t$$
となる。

上式を式（5.46）に代入すれば変位 d は近似的に
$$d = R\left\{\frac{L}{R} + \cos \omega t - \frac{1}{2}\frac{R}{L}\sin^2 \omega t\right\} \tag{5.47}$$
と表される。

ピストンの速度の近似式は式（5.47）を時間 t で微分して
$$v = \frac{d}{dt}d = -R\omega\left\{\sin \omega t + \frac{1}{2}\left(\frac{R}{L}\right)\sin 2\omega t\right\} \tag{5.48}$$
となる。

さらに，加速度は式（5.48）を微分して

$$a = -R\omega^2\left\{\cos \omega t + \left(\frac{R}{L}\right)\cos 2\omega t\right\} \tag{5.49}$$

となる。

図 **5.19** に式 (5.47), (5.48) および式 (5.49) で表されるピストンの変位,速度,加速度の変化を示す。この場合,$\omega=100$ [rad/s],$R=50$ [mm],$L=200$ [mm] とした計算結果である。いずれも変位,速度,加速度をそれぞれ,最大変位 $R+L$ (すなわち,クランク半径 R とコネクティングロッドの長さ L との和),最大速度 $R\omega$,最大加速度 $R\omega^2$ で除して無次元化してある。ここで注目したいのは加速度の変化である。時間とともに絶えず加速度が変化するということは,多くの往復運動する内燃機関を搭載した車はいつも加速度変動を受け振動を発生していることがわかる。

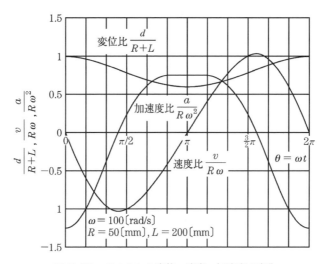

図 **5.19** ピストンの変位,速度,加速度の変化

5.3 等速円運動と等角加速度円運動

等速円運動の場合,ω は一定である。したがって,接線加速度 a_t は 0 であるが,法線加速度 a_n は $r\omega^2$ として存在する。

つぎに図 **5.20** のように，等角加速度円運動している質点（角加速度 $\alpha = \alpha_0$）の角速度 ω と角変位 θ との関係を考える。この場合の角加速度の大きさは

$$\lim_{\Delta t \to 0} \frac{\Delta \omega}{\Delta t} = \frac{d\omega}{dt} = \frac{d^2\theta}{dt^2} = \alpha_0 \tag{5.50}$$

となる。

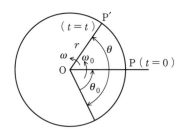

図 5.20 等角加速度円運動している質点

式（5.50）を2回時間 t で順次積分して

$$\omega = \alpha_0 t + c_1$$

$$\theta = \frac{1}{2} \alpha_0 t^2 + c_1 t + c_2$$

が得られる。初期条件 $t=0$ のとき $\theta = \theta_0$，$\omega = \omega_0$ とすれば積分定数が $c_1 = \omega_0$，$c_2 = \theta_0$ と定まる。以上をまとめると，任意時間の角速度 ω と角変位 θ は次式で求められる。

$$\omega = \alpha_0 t + \omega_0 \tag{5.51}$$

$$\theta = \frac{1}{2} \alpha_0 t^2 + \omega_0 t + \theta_0 \tag{5.52}$$

$\theta_0 = 0$ とおいて式（5.51）と（5.52）から t を消去すれば

$$\omega^2 - \omega_0^2 = 2\alpha_0 \theta \tag{5.53}$$

これらの関係式（5.51），（5.52），（5.53）と 5.1 節で説明した並進運動に関する式（5.15），（5.16），（5.17）との相似性が重要である。

例題 5.10　$n = 600$ [rpm] で回転しているはずみ車が等角加速度運動により 30 [s] 後に 400 [rpm] まで回転数が減少したという。同じ割合で角加速度を受ければ，400 [rpm] の状態から止まるまでに何回転して何 [s] 後に止まるか。

【解答】 角加速度 $α_0 = 2π(400-600)/(30×60) = -0.698 \,[\text{rad/s}^2]$。停止までの時間 t は式 (5.51) より，$t = (ω-ω_0)/α_0 = 2π(0-400/60)/(-0.698) = 59.98 \,[\text{s}]$。
回転角 $θ$ は，式 (5.53) より

$$θ = \frac{1}{2}(-0.698)×60^2 + 2π\left(\frac{400}{60}\right)×60 = 1\,256 \,[\text{rad}]$$

となる。よって停止までの回転数は $θ/(2π) = 1\,256/(2π) = 200$ 回転となる。　◇

5.4 相 対 運 動

　自分が地面に立っていながら，近くの道路を車が走って行くのを見ると疾走しているように見えても，今度は自分が車に乗ってその車を見ると，あまり速く走っているように見えないことがある。このように止まっている点を基準にして見た運動を**絶対運動** (absolute motion)，一方，動いている点を基準に見た運動を**相対運動** (relative motion) という。

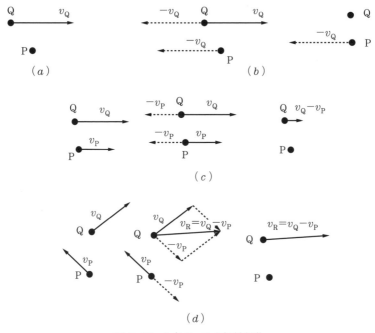

図 **5.21** 2点 P, Q の相対運動

2点 P, Q が運動しているとき，ある静止点から見た点 P, Q の速度 v_P, v_Q をそれぞれ，点 P, Q の**絶対速度**（absolute velocity）という。また，速度の差，$v_P - v_Q$，または $v_Q - v_P$ を**相対速度**（relative velocity）という。

図 5.21 は2点 P, Q の相対運動の説明図である。図(a)では点 P が静止し，点 Q が絶対速度 v_Q で動いている。この場合，点 Q の点 P に対する相対速度は $v_R = v_Q - v_P = v_Q$ で v_Q は絶対速度に等しい。

図(b)は逆に点 P の点 Q に対する相対速度は $v_R = v_P - v_Q = -v_Q$ であることを示す。

図(c)では点 P, Q の両方がそれぞれ絶対速度 v_P, v_Q で動いている。この場合，点 Q の点 P に対する相対速度 v_R を求めるには，両点に速度 $-v_P$ を加える。その結果，点 P は動かず，点 Q だけが $v_Q - v_P$ の速度で右側に動くことになる。すなわち，点 Q の点 P に対する相対速度は $v_R = v_Q - v_P$ となる。点 P の点 Q に対する相対速度 v_R' についても同様に考えることができ，$v_R' = -(v_Q - v_P) = v_P - v_Q$ となる。

また，図(d)では2点が平面上任意の向きに速度 v_P, v_Q で動いている。この場合，点 Q の点 P に対する相対速度を求めるには，点 P の速度をゼロとしたときの Q の速度と考えればよい。したがって v_P と大きさが等しく向きが反対の速度を両方に加えると，点 P の速度がゼロとなる。このときの Q の速度が相対速度 $v_R = v_Q - v_P$ となる。

例題 5.11 A 君と B さんが距離 $s = 10$ [m] だけ離れて立っている。**図 5.22**(a)のように，A 君と B さんが東方，および南方へそれぞれ速度 $v_A = 1.2$ [m/s]，$v_B = 1$ [m/s] でたがいに直角方向に歩き出した。A 君に対する B さんの相対速度 v_R，A 君と B さんが最も接近する距離 D_{min}，およびその距離に両人が到着するまでの時間 t を求めよ。

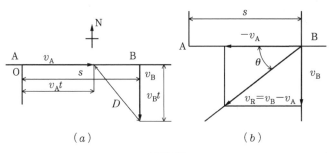

(a)　　　　　　　　　(b)

図5.22

【解答】 A君に対するBさんの相対速度 v_R は図(b)のように $-v_A$ と v_B のベクトル和となる。すなわち、$v_R = v_B - v_A$ である。これより、v_R の大きさと方向 θ は、$v_R = \sqrt{v_B^2 + (-v_A)^2} = \sqrt{1^2 + (-1.2)^2} = 1.56$ [m/s]、$\theta = \tan^{-1}(v_B/v_A) = \tan^{-1}(1/-1.2) \fallingdotseq -39.8°$ となる。任意時間 t での両者の距離を D とすれば、$D^2 = (s - v_A t)^2 + (v_B t)^2$ となる。両辺を t で微分して0とおけば、最短距離 D_{min} となるときの時間 t_{min} が求められる。すなわち

$$2D\left(\frac{dD}{dt}\right) = 2(s - v_A t)(-v_A) + 2v_B^2 t = 0$$

これより

$$t_{min} = \frac{sv_A}{(v_A^2 + v_B^2)} = 10 \times \frac{1.2}{(1.2^2 + 1^2)} = 4.92 \text{ [s]}$$

$$D_{min} = \sqrt{(10 - 1.2 \times 4.91)^2 + (1 \times 4.91)^2} = 6.40 \text{ [m]} \qquad \diamondsuit$$

例題 5.12 風のある日にセスナ機が 200 [km/h] で東に機首を向けて飛んでいるとき北向きに 20° 傾く。また、南方向に飛行すると 10° 西向きに傾くという。このときの風の向き θ と風速 v を求めよ。

【解答】 東、南各向きに飛行するときの速度ベクトル図を描くと**図5.23**のようになる。風の速度を v、南北方向からの角度を θ と仮定する。二つのベクトル図と正弦法則により

$$\frac{v}{\sin 20°} = \frac{200}{\sin\{(180° - 20° - (90° - \theta)\}}$$

$$\frac{v}{\sin 10°} = \frac{200}{\sin\{180° - 10° - \theta\}}$$

この両式から

$$v = \frac{200 \sin 20°}{\sin(70°+\theta)} = \frac{200 \sin 10°}{\sin(170°-\theta)}$$

となる。変形して整理すると

$\tan \theta = 0.374$

$\theta = \tan^{-1} 0.374 = 20.51°$

$$v = \frac{200 \sin 20°}{\sin(70°+20.5°)} = 68.4 \text{〔km/h〕}$$

となる。

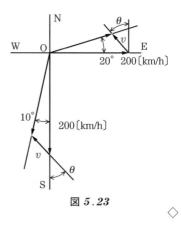

図 5.23

◇

演 習 問 題

【1】 速度 80〔km/h〕で走行している車を $0.3g$ で減速した場合，停止するまでの時間 t を求めよ。また減速し始めてから停止するまでの距離 s を求めよ。

【2】 問図 5.1 の半径 $r=5$〔m〕の半円筒の左最上部 A に静止していた微小物体 m が摩擦のない内面に沿って滑り落ち最下部 B に到達した。点 B における最大加速度 a を求めよ。

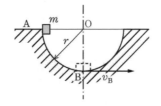

問図 5.1

【3】 自動車が走行し始めてから $s=200$〔m〕に達するまでに $t=15$〔s〕かかった。等加速度走行と仮定して，加速度 a と 200〔m〕地点での時速 v を求めよ。

【4】 問図 5.2 に示すように，窪みのある地形を車が速度 $v=90$〔km/h〕で走行している。窪みの最低位置を原点にとった場合の地形の関数を，$y=\dfrac{d}{2}\left(1-\cos\dfrac{2\pi}{l}x\right)$ で表すことができるものとして地形の最低位置での法線方向加速度 a_N を求めよ。ただし，窪みの深さを $d=0.5$〔m〕，地形の距離を $l=20$〔m〕とする。

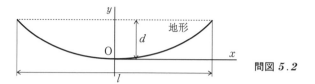

問図 5.2

(ヒント)：曲率半径 r は近似的に $\dfrac{1}{r} = \dfrac{d^2 y}{dx^2}$ で求めることができる。

【5】建物の屋上から小石を自然落下させたところ 3 秒後に地面に衝突する音が聞こえた。建物の高さ h を求めよ。音速を $v_s = 340 \,[\text{m/s}]$ と仮定する。

【6】初速度 v_0 を一定とした場合，物体を地面に対して最も遠方に到達する角度 θ を求めよ。空気抵抗は考えない。

【7】直径 $D = 500 \,[\text{mm}]$ の回転体が $\alpha = 0.4 \,[\text{rad/s}^2]$ の等角加速度運動をして 60 [rpm] から 300 [rpm] になった。この間に要した時間と回転数を求めよ。

【8】問図 5.3 のようにある地点から水平方向 $x_m = 30 \,[\text{m}]$ 先にある高さ $h = 10 \,[\text{m}]$ の樹木のこずえに小石を当てたい。$\theta = 60°$ の方向に投げ上げる場合，初速度 v_0 はいくらか。

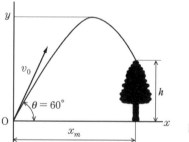

問図 5.3

【9】高さ h の崖の上から小石を真上に初速度 v_0 で投げる。最高点に達する時間 t_m と崖下からの高さ h_m と崖下に達するまでの時間 t_0，そのときの速度 $v_{\max}$ を求めよ。

【10】時速 700 [km/h] のジェット機が宙返りしたときの加速度が $5g$ であった。宙返りの際のループの半径 R はいくらか。

【11】屋根の軒先から水滴が1秒間に6個の割合で落ちている。1滴目が地面に着いたとき、2滴目および3滴目の水滴は軒下からどの位置にあるか。軒先から軒下までの距離を $h=3$〔m〕とする。

【12】直線距離で s 離れた距離を、初速度0、加速度 a_1 で動き始め、途中から減速度 a_2 で動き最後に停止した。全行程を進むのに時間 t だけ要した場合、距離 s は次式で表されることを証明せよ。
$$s=\frac{1}{2}\left(\frac{a_1 a_2}{a_1+a_2}\right)t^2$$

【13】ある車の急ブレーキ性能の減速度を $a=-g$ とする。速度 $v_0=100$〔km/h〕で走行中、ドライバーが危険を感じてから、0.4秒後に急ブレーキをかけ始めた。危険を感じてからどれだけの距離 s を進めば車は止まるか。

【14】垂直に発射されたロケットが問図 5.4 のような加速度運動をするという。$t=20$〔s〕での速度 v を求めよ。また、速度 v は時間 t とともにどのように変化するか。

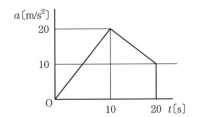

問図 5.4

【15】二つの列車 A、B の長さをそれぞれ l_A, l_B、また、列車 A の速度を v_A とする。これらの列車がすれ違うのに時間 t だけかかるとするとき、列車 B の速度 v_B はいくらか。

【16】高さ 10〔m〕の街灯の真下から身長 170〔cm〕の人が加速度 $a=0.1t$〔m/s²〕でゆっくり歩き出した。時間 $t=3$〔s〕での人の距離、速度、加速度および影の先端の距離と速度と加速度を求めよ。

【17】東北の方向へ 40〔km/h〕で航行する船 A からは、別の船 B が東南の方向へ 50〔km/h〕で進んでいるように見えるという。船 B の速度 v とその方向を求めよ。

6

並進運動をする物体の動力学

物体に作用する「力」とその力によって生じる「運動状態の変化」との関係を明らかにする力学を**動力学**(dynamics) という。本章では，物体が並進運動をする場合，すなわち，物体を質点とみなすことができる場合について学ぶことにする。

6.1 ニュートンの運動の法則

つぎに述べる運動の法則は，**ニュートンの運動の法則**(Newton's law of motion) として広く知られている。

【第一法則】「あらゆる物体は，外部から力を受けない限り，静止，あるいは等速直線運動を続ける」

この法則は，外力を受けない限り，速度 0 も含めて物体が持っている速度は永久に持続し，それ自身で速度を変えることがないことを示している。物体の持つこの性質を**慣性**(inertia) といい，この法則を**慣性の法則**(law of inertia) ともいう。

【第二法則】「物体に外部から力が作用するときに生じる加速度は，力の大きさに比例し，その方向，向きは力の方向，向きと同じである」

ニュートンの運動の法則で，数式として表現できるのは，この第二法則だけである。外部からの力，すなわち外力の大きさを F，加速度の大きさを a とすると，この法則は次式により示される。

$$F = ma \tag{6.1}$$

ここで，m は比例定数で物体が加えられた力によって起こす運動の変化の大小を示す量，すなわち，物体の慣性の度合いを示す量であると考えられる。

この m を**質量**（mass）といい，単位は〔kg〕である。式（6.1）は，**運動方程式**（equation of motion）と呼ばれる動力学の基本式である。式（6.1）から，力が作用していなければ加速度は 0 となり，速度に変化が生じないので，第一法則そのものとなる。すなわち，第二法則は第一法則を含んでいるとの解釈も成り立つ。

【第三法則】「**すべての力の作用に対し，つねにそれと大きさの等しい逆向きの作用（反作用）が生じる。すなわち，任意の物体間の相互に働く力の大きさはつねに等しく逆向きに作用する**」

この法則は，すでに静力学においてわれわれは無意識のうち利用してきた。確かに，静止している二つの接触している物体間では，それほどの違和感をもたず理解できた。しかし，磁石と砂鉄の関係を見るとき，砂鉄は一方的に磁石に引き寄せられているように見える。この磁石を鉄塔の近くへ持っていくと今度は磁石が鉄塔に引き寄せられているように感じる。このような場合でも，質量の違いを理解すれば，地球と太陽，月と地球の関係などと同様にこの第三法則が成り立つことに注意すべきである。また，この作用，反作用の法則は，力が単独に存在することができず，ある力が作用しているときには，必ずその力と逆向きに大きさの等しい力が**対**（pair）をなして存在しなければならないことを示している。

例題 6.1 質量 $m=60$〔kg〕の物体を鉛直上方へ $h=5$〔m〕移動させたとき，$v=2$〔m/s〕の速度を得るために必要な力 F_1 を求めよ。

【解答】 運動方程式の作り方に注意しながら解いてみる。

運動方程式（6.1）の作り方 運動方程式を作る場合，以下の事項に注意すると便利である。

① 初めに，どの部分の運動について考えるかを明確にする。そのためには，自由体線図を描くとよい。この場合の自由体線図は**図 6.1** となる。

② その部分の質量を m とする。
③ その部分に作用する力をもれなく挙げて，その合力を F とする。この場合は，$F = F_1 - mg$ となる。
④ その部分の加速度を a とする（ここで F および a の符号は，変位が増加する向きを正とする）。
⑤ 上記①〜④を確かめてから運動方程式 $F = ma$ に代入する。

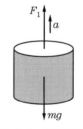

図 **6.1** 自由体線図

以上の手順より，運動方程式

$$F_1 - mg = ma \qquad (a)$$

を得る。等加速度運動の速度 v，加速度 a，変位 s の関係は式（5.17）より

$$v^2 - v_0^2 = 2as \qquad (b)$$

であるので，$v_0 = 0$，$s = h$ とおいて

$$a = \frac{v^2}{2h} = \frac{4}{10} = 0.400 \,[\text{m/s}^2] \qquad (c)$$

を得る。式（ a ），（ c ）より，F_1 は，次式により求められる。

$$F_1 = m(g + a) = 60 \times (9.8 + 0.4) = 612 \,[\text{N}] \qquad \diamondsuit$$

例題 6.2 図 **6.2** に示すように急ブレーキをかけて自動車が止まった。タイヤの跡が鮮明に残っていることから，ブレーキをかけた後タイヤは回転していないと判断できる。路面に残された直線状のタイヤ跡を測定したところ，その距離 s は 50〔m〕で，路面状態からタイヤと路面の摩擦係数 μ は 0.7 であった。この自動車のブレーキをかける前の速度 v_0〔km/h〕は，どれほどか。

図 **6.2**

【解答】 空気抵抗を無視すれば自動車に働く水平方向の外力は，タイヤと路面の間に働く摩擦力 $f = -\mu mg$ （負号は，変位の増加方向に対し摩擦力は逆向きであることによる）のみと考えてよいので運動方程式は次式となる。

$$-\mu m g = m a \tag{a}$$

したがって，加速度 a は

$$a = -\mu g \tag{b}$$

となる。等加速度運動の速度 v，加速度 a，変位 s の関係は式 (5.17) より

$$v^2 - v_0^2 = 2as \tag{c}$$

であるので，$v = 0$ とおいて

$$v_0 = \sqrt{2\mu g s} = \sqrt{2 \times 0.7 \times 9.8 \times 50} = 26.2 \,[\text{m/s}] = 94.3 \,[\text{km/h}]$$

となる。◇

例題 6.3 図 6.3 に示すように定滑車にひもをかけ,その両端に 2 個のおもりをつり下げた装置がある。$m_1 > m_2$ とし，定滑車とひもの質量を無視できるものとするとき，おもりの加速度 a とひもに作用する張力 T を求めよ。

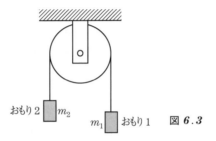

図 6.3

【解答】 おもり 1 の自由体線図は，図 6.4 となる。このおもりに作用する力と加速度の正の向きを変位が増加する方向にとると $F = m_1 g - T$ である。したがって，運動方程式は，次式となる。

$$m_1 g - T = m_1 a \tag{a}$$

図 6.4 おもり 1 の自由体線図　　図 6.5 おもり 2 の自由体線図

一方，おもり 2 の自由体線図は図 6.5 となるので，このおもりの運動方程式は，力と加速度の向きを考慮して

$$T - m_2 g = m_2 a \tag{b}$$

となる。式(a), (b)より加速度 a および張力 T は、つぎのようになる。

$$a = \frac{m_1 - m_2}{m_1 + m_2} g \qquad (c)$$

$$T = \frac{2 m_1 m_2}{m_1 + m_2} g \qquad (d)$$

◇

例題 6.4 図 6.6 に示すように、長さ l [m], 質量 m [kg] のひも AB を水平な釘にかけて滑り落とす。一方のひもの長さが s [m] となったとき、他方の任意の点 C における張力 T を求めよ。ここで、ひもと釘の間の摩擦は無視できるものとする。

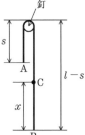

図 6.6

【解答】 ひもの単位長さ当りの質量を ρ とするとひもの質量は, $m = \rho l$ である。ひも全体の運動を考えてみよう。図 6.6 の右部分の重さは, $\rho(l-s)g$ であり, 左部分は $\rho s g$ なので, このひもに作用する力は, $F = \rho(l-s)g - \rho s g$ となる。したがって, 運動方程式は

$$\rho(l-s)g - \rho s g = \rho l a \qquad (a)$$

である。したがって、加速度 a は

$$a = \frac{l - 2s}{l} g \qquad (b)$$

となる。ここで、$l > 2s$ の関係があるので、加速度 a は、つねに正の値をとる。

つぎに、CB 部分の運動を考えると、図 6.7 の自由体線図より、この部分に作用している力は、$\rho x g - T$ であるから, 運動方程式は

$$\rho x g - T = \rho x a \qquad (c)$$

で示される。式(b), (c) より

$$\rho x g - T = \rho x \frac{l - 2s}{l} g$$

図 6.7 CB 部分の自由体線図

となる．したがって，張力 T は，$mg=\rho lg$ であることを考慮して

$$T = \rho xg - \rho x\frac{l-2s}{l}g = \frac{2\rho sx}{l}g = \frac{2\rho lsx}{l^2}g = \frac{2mgs}{l^2}x$$

となる．

6.2 慣 性 力

運動方程式（6.1）は

$$F+(-ma)=0 \qquad (6.2)$$

と書き直すことができる．質量 m の物体に大きさ a の加速度を与えるためには，ma に等しい力 F を作用させなければならない．すなわち，図 6.8 に示すように質量 m の物体が力 F の外力を受けて加速度 a で運動しているとき，作用・反作用の法則により，外力 F と同じ大きさで逆向きの力 $-ma$ が外力の作用点になければならない．この $-ma$ を，物体の慣性による力という意味で**慣性力**（inertia force）と呼んでいる．式（6.2）は，外力 F と慣性力 $-ma$ の動釣合いの式と解釈できる．そうすると動力学の問題が静力学と同様に扱うことができる．これが，**ダランベールの原理**（d'Alembert's principle）である．

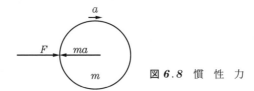

図 6.8 慣 性 力

例題 6.5 図 6.9 に示すようにエレベータが加速度 $a=1\,[\mathrm{m/s^2}]$ で上昇するとき質量 $m=75\,[\mathrm{kg}]$ の人が床面から受ける反力はどれほどか。また，エレベータが等速度で昇降しているときはどうなるか。

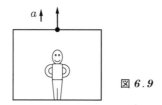

図 6.9

【解答】 エレベータ内の人の自由体線図は，図 6.10 となる。この人について，ダランベールの原理から動釣合い式をつくると，つぎのようになる。

$$R-mg-ma=0 \qquad (a)$$

したがって，床面から受ける反力 R は

$$R=m(g+a)=75\times(9.8+1)=810\,[\mathrm{N}] \qquad (b)$$

である。また，等速度の場合は，加速度 $a=0$ であるから，静止状態と変わらず $R=mg=735\,[\mathrm{N}]$ となる。◇

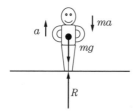

図 6.10 人の自由体線図

ここで流体の抵抗を受ける物体の運動について考える。物体が水中，空気中を運動するとき，その形状，大きさ，速度，流体の密度などに関係する抵抗力を受ける。抵抗力 R は複雑であるが，一般につぎの式で表される場合が多い。

$$R=\varkappa v^n \qquad (6.3)$$

ここで，$\varkappa$ は流体の密度や物体の形状に関係する比例定数，n は整数で，一般に経験的に速度 v が小さいときは 1，大きいときは 2 とすることができる。

図 **6.11** のように質量 m の物体が空気抵抗を受けながら直線的に落下する場合を考える。物体が受ける外力 F は y 軸の下方に向かう力を正とすれば

$$F = mg - \varkappa v^n \tag{6.4}$$

となる。

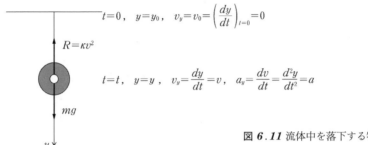

図 **6.11** 流体中を落下する物体

以下,式(6.4)において $n=2$ と仮定して説明する。慣性力は外力と反対向き,すなわち y 軸の上方に向かう力となるから,式(6.2)はつぎのようになる。

$$mg - \varkappa v^2 + (-ma) = 0 \tag{6.5}$$

落下速度が徐々に増加していき,抵抗力と重力が等しくなる場合考えると

$$ma = 0$$

となる。この状態では加速度が生じないから,速度の変化もなくなり,等速運動をすることとなる。この速度 V_f は外力を 0 とおけば

$$V_f = \sqrt{\frac{mg}{\varkappa}} \tag{6.6}$$

と求められる。この V_f を**終速度**(final velocity)という。

つぎに,式(6.3)において $n=2$ と仮定して任意時刻における速度を求めてみよう。

式(6.5)を式(6.6)と $a = dv/dt$ の関係を使って変形し,変数分離した形に整理すると

$$\frac{dv}{V_f^2 - v^2} = \frac{g}{V_f^2} dt \tag{6.7}$$

これを左右別々に積分すると

$$\frac{1}{2V_f}\log\frac{V_f+v}{V_f-v}=\frac{g}{V_f{}^2}t+C \tag{6.8}$$

ここで，初期条件を $t=0$ で $v_0=\left(\dfrac{dy}{dt}\right)_{t=0}=0$ とすると，式 (6.8) の積分定数は $C=0$ となる。

これを，速度 v について書き改めると，つぎの式が得られる。

$$v=\left(\frac{e^{\frac{2gt}{V_f}}-1}{e^{\frac{2gt}{V_f}}+1}\right)V_f \tag{6.9}$$

式 (6.9) から，時間 $t\to\infty$ になると $v\to V_f$ となる。言い換えると，時間がいくら経過しても速度は終速度 V_f にはならないということがわかる。

例題 6.6 図 6.11 において，空中での物体の任意位置 y での速度を求めよ。

ヒント：加速度 a は $\quad a=\dfrac{dv}{dt}=\dfrac{dv}{dy}\dfrac{dy}{dt}=v\dfrac{dv}{dy}\quad$ と書き換えることができる。

【解答】 ヒントを使って式 (6.5) を変数分離すると

$$\frac{vdv}{V_f{}^2-v^2}=\frac{g}{V_f{}^2}dy \tag{a}$$

これを不定積分すると

$$-\log(V_f{}^2-v^2)=2\frac{g}{V_f{}^2}y+C \tag{b}$$

となる。初期条件を，$y=0$ で $v=\dfrac{dy}{dt}=0$ とすると，式 (b) の積分定数 C は

$$C=-\log V_f{}^2$$

となる。したがって，式 (b) はつぎのように整理できる。

$$\log\frac{V_f{}^2}{V_f{}^2-v^2}=2\frac{g}{V_f{}^2}y \tag{c}$$

式 (c) を v について書き直すと

$$v=\sqrt{1-e^{-\frac{2gy}{V_f{}^2}}}\,V_f \tag{d}$$

式 (d) は，物体の速度 v が終速度 V_f に達するのは $y\to\infty$ のときとなるから，どこまで落下しても終速度 V_f にはなり得ないことを示す。　◇

例題 6.7 容器に水を入れ水平方向に $3 \,[\text{m/s}^2]$ の加速度で運動させたとき，水面の傾きを求めよ．

【解答】 水は重力加速度 $g=9.8\,[\text{m/s}^2]$ のほかに，水平方向に $a=3\,[\text{m/s}^2]$ の加速度を受ける．したがって，水面の微小要素の質量 dm は図 **6.12** に示すように，水面に垂直な合力 R を受ける．図より，角 θ は

$$\tan\theta = \frac{a}{g} = \frac{3}{9.8} = 0.3061$$

$$\therefore\quad \theta = 17.02°$$

となる． ◇

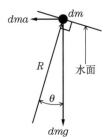

図 **6.12** 水面の微小要素の自由体線図

6.3 求心力と遠心力

図 **6.13** に示すように，半径 r の円周上を速度 v で等速円運動している質量 m の物体は，中心 O に向かって法線加速度 $a_n = v^2/r$ を受ける．したがって，この物体には中心に向かい

$$F = m\frac{v^2}{r} = mr\omega^2 \tag{6.10}$$

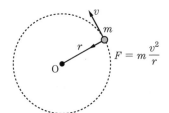

図 **6.13** 求 心 力

の力が作用する。この力を**求心力**（centripetal force）という。物体が円運動を続けるためには，この求心力を必要とする。

物体にひもをつけて回転させるときは，ひもの張力が求心力を与え，人工衛星が地球を回るときは，地球と人工衛星の間に働く万有引力が求心力となる。

求心力によって円運動する物体には，その反作用として求心力に等しい大きさを持つ外向きの慣性力が働く。この力を**遠心力**（centrifugal force）という。

例題 6.8 水を入れたバケツに長さ l の針金つけて，鉛直面を回転させる。回転数を n [rpm] とするとき，バケツが頂点を通過するときに水がバケツから受ける力 P を求めよ。ここでバケツの深さに比較して針金の長さは十分大きいものとする。

【解答】 題意よりバケツの水は，同一半径（l）の円運動と考えてよい。頂点において水に作用する力は，遠心力 F と重力 mg およびバケツの底面からの力 P である（図 **6.14**）。

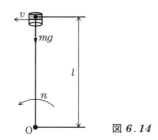

図 **6.14**

したがって，釣合い式は
$$F - mg - P = 0$$
となる。

遠心力 F は，速度を v とすると
$$F = m\frac{v^2}{l}$$
である。

速度 v は
$$v = l\omega = l \times \frac{2\pi n}{60}$$
となるので,バケツ底面が受ける力は
$$P = F - mg = \frac{m\left(\frac{2\pi n l}{60}\right)^2}{l} - mg = m\left(\frac{4\pi^2 n^2 l}{3600} - g\right)$$
である。 ◇

例題 6.9 図 6.15 に示すように,長さ $l = 2$ [m] の糸の上端を天井に固定し,他端に質量 $m = 2$ [kg] のおもりを結びつけ回転運動を与えたところ,糸の円錐面の中心角が $30°$ となった。おもりの速度 v と糸の張力 T を求めよ。

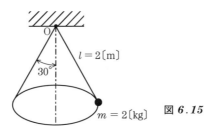

図 6.15

【解答】 おもりが描く水平円の半径 r は,$r = l \sin 30° = 2 \times 0.5 = 1$ [m] となる。したがって,おもりの速度を v とすれば,遠心力は,mv^2/r である。これとおもりの重力 mg と糸の張力 T の3力で釣り合っていると考えられる。

図 6.16 に示すおもり m の自由体線図より,x および y 方向成分の力を F_x, F_y とすると,その釣合いの式は,それぞれ
$$F_x = m\frac{v^2}{r} - T\sin 30° = 0$$
$$F_y = T\cos 30° - mg = 0$$
である。これらより
$$\tan 30° = \frac{v^2}{rg}$$
$$v = \sqrt{rg\tan 30°} = \sqrt{\frac{1 \times 9.8}{\sqrt{3}}} = 2.38 \text{[m/s]}$$
を得る。また,糸の張力 T は,次式となる。
$$T = \frac{mg}{\cos 30°} = 22.6 \text{[N]}$$
◇

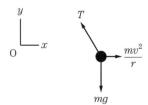

図6.16 おもり m の自由体線図

例題 6.10 図 6.17 に示すように，オートバイが時速 30〔km〕で曲率半径 40〔m〕のカーブを通過している。このときオートバイは，鉛直といくら内側に傾いているか。

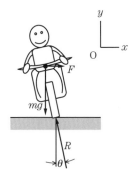

図 6.17

【解答】 オートバイと人間の質量の合計を m とすると，重さ mg である。このとき，遠心力は，$F = mv^2/r$ となる。この2力と路面から受ける反力 R とが釣り合わなければならないので x および y 方向成分の力を F_x，F_y とすると，その釣合いの式は次式となる。

$$F_x = m\frac{v^2}{r} - R\sin\theta = 0$$

$$F_y = R\cos\theta - mg = 0$$

上式より

$$\tan\theta = \frac{m\dfrac{v^2}{r}}{mg} = \frac{v^2}{rg} \tag{a}$$

となる。したがって

$$\tan\theta = \frac{\left(30 \times \dfrac{1\,000}{3\,600}\right)^2}{40 \times 9.8} = 0.177\,2 \tag{b}$$

$$\therefore \quad \theta = 10.05° \tag{c}$$

となる。

例題 6.11 高さを考慮した場合の重力加速度とその高さにおける人工衛星の速度 v と公転周期 T はどうなるか。

【解答】 重力は地球が物体に及ぼす**万有引力**(universal gravitation)であるから地球と物体との距離の2乗に反比例する。したがって，重力によって生じる重力加速度も地球と人工衛星との距離の2乗に反比例する。このことから，まず，地上からの高さを考慮した重力加速度を求める。

図 **6.18** において，y を地球の中心と人工衛星との距離，k を比例定数とすれば，加速度は次式となる。

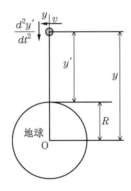

図 **6.18**

$$\frac{d^2y}{dt^2} = -\frac{k}{y^2} \tag{a}$$

地球の半径を R とすると，$y=R$ つまり地上では

$$\frac{d^2y}{dt^2} = -g = -\frac{k}{R^2} \tag{b}$$

となる。したがって，比例定数 k は

$$k = gR^2 \tag{c}$$

となり，式 (a) は

$$\frac{d^2y}{dt^2} = -\frac{gR^2}{y^2}$$

と書き換えられる。地表を座標原点にとった場合は

$$y' = y - R \tag{d}$$

の関係から，y' 地点の加速度は

$$\frac{d^2 y'}{dt^2} = \frac{d^2 y}{dt^2} \tag{e}$$

であるので，つぎの高さを考慮した場合の重力加速度の式（f）が得られる．

$$\frac{d^2 y'}{dt^2} = -\frac{gR^2}{(y'+R)^2} \tag{f}$$

高度 y' の人工衛星の速度は法線加速度とその高度における重力加速度の釣合いより求めることができる．したがって，その速度は式（h）となる．

$$m\frac{v^2}{y'+R} = m\frac{gR^2}{(y'+R)^2} \tag{g}$$

$$v = \sqrt{\frac{gR^2}{y'+R}} \text{ [m/s]} \tag{h}$$

また，公転周期 T は，$v=(y'+R)\omega$ および $\omega=2\pi/T$ の関係より，次式（i）となる．

$$T = \frac{2\pi}{R}\sqrt{\frac{(y'+R)^3}{g}} \tag{i}$$

例えば，地表から高度 800〔km〕の円軌道を持つ人工衛星の速度は，地球の平均半径を 6 370〔km〕とすれば式（h）から 7.447〔km/s〕となり，公転周期は，式（i）より 6 049 秒 = 1 時間 40 分 49 秒となる． ◇

演習問題

【1】 5〔m/s〕の速度で運動する質量 60〔kg〕の物体を 18 秒間で静止させるのに必要な力 F はどれほどか．

【2】 問図 **6.1** は，エレベータが上昇するときの速度線図である．エレベータかごの全質量が $m=500$〔kg〕のとき，加速時，等速時，減速時のロープに作用する張力 T_1, T_2, T_3 を求めよ．

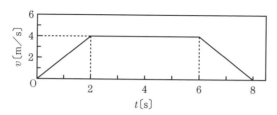

問図 **6.1** エレベータの速度線図

【3】 質量 900〔kg〕の自動車が時速 20〔km/h〕から時速 80〔km/h〕まで，4 秒間で速度を増した．タイヤと路面の間の摩擦力 F はどれほどか．

【4】 滑らかな水平面に置かれた質量 m の物体が時間の関数としての力 $F=At$ により運動する。静止状態から T 秒後の速度 v を求めよ。

【5】 問図 6.2 に示すように，水平面に置かれた質量 200〔kg〕の物体に水平とのなす角 $30°$ 上方より力を作用させる。加速度 2〔m/s²〕を生じさせるために必要な力の大きさ F を求めよ。ここで，摩擦係数は 0.25 とする。

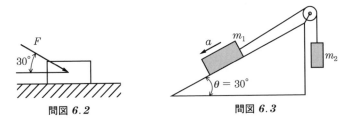

問図 6.2　　　　　問図 6.3

【6】 問図 6.3 に示すように，$30°$ の傾きを持つ斜面の頂点に滑車を取り付け，この滑車にかけたひもの両端に質量 m_1 の物体と質量 m_2 のおもりを取り付けたところ，物体は加速度 2.35〔m/s²〕で斜面を滑り落ちた。この装置のおもり m_2 にさらに質量 12.5〔kg〕のおもりを付け加えたところ，物体の加速度は，前と同方向に 1.45〔m/s²〕となった。m_1，m_2 を求めよ。ただし，ひもおよび滑車の質量と摩擦は無視できるものとする。

【7】 問図 6.4 に示すように，滑車にかけたひもの両端に皿をつけ，一方の皿に質量 m のおもり，A，B を重ねてのせ，他方の皿に質量 m のおもり C をのせた装置がある。おもり A，B 間に働く力 R を求めよ。ただし，ひも，皿および滑車の質量と摩擦は無視できるものとする。

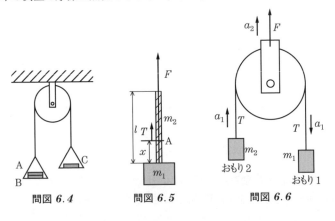

問図 6.4　　　問図 6.5　　　問図 6.6

【8】 問図 6.5 に示すように，長さ l，質量 m_2 のワイヤーロープの下端に質量 m_1 のおもりを取り付け上端を F の力で引き上げるとき，ワイヤーロープの任意の点 A における張力 T を求めよ．

【9】 問図 6.6 に示すように，定滑車にひもをかけその両端に質量 $m_1=11$ [kg]，$m_2=9$ [kg] のおもりをつける．この滑車に力 $F=196$ [N] を作用させ上方に引き上げるとき，おもりに生じる加速度を求めよ．ただし，ひもおよび滑車の質量，摩擦は無視できるものとし，重力加速度は $g=9.8$ [m/s^2] とする．また，問図 6.6 における a_1 は定滑車に対するおもりの相対加速度を示し，a_2 は装置全体の加速度である．

【10】 問図 6.7 に示すように，滑らかな水平面上に，くさび ABC（質量 m_2，傾角 θ）が置いてあり，くさびの斜面 AB 上を質量 m_1 の物体が滑り降りる．すべての接触面の摩擦を無視できるものとして，くさびの加速度 a を求めよ．

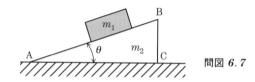

問図 6.7

【11】 問図 6.8 に示すように，定滑車 A に糸をかけ，その一端に滑車 B を，他端に質量 m_3 のおもりを取り付ける．滑車 B にも糸をかけ，両端にそれぞれ，質量 m_1，m_2 のおもりを取り付ける．滑車および糸の質量と摩擦を無視した場合，質量比が $m_3:m_2:m_1=3:2:1$ のとき，それぞれのおもりの加速度 a_1，a_2，a_3 を求めよ．

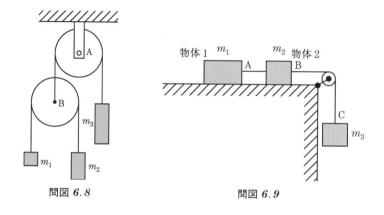

問図 6.8　　　　　問図 6.9

【12】問図 6.9 に示すように，質量が $m_1=30$〔kg〕, $m_2=10$〔kg〕, $m_3=10$〔kg〕の3個のおもりがロープで結ばれている．物体1および物体2と水平面との摩擦係数は $\mu=0.2$ とし，ほかに摩擦がなく，滑車とロープの質量を無視できるとき，物体の加速度 a と各ロープの張力 T_1, T_2 を求めよ．

【13】問図 6.10 は，水の入った円筒容器が一定の角速度 ω で回転している状態を示している．このとき，水面が放物面となることを証明せよ．

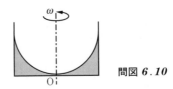

問図 6.10

【14】問図 6.11 は2本のひもにつながれた質量 m の物体が一定の周速度 v で回転している様子を示す．両方のひもが緩まないで回転するための速度 v の領域について検討せよ．

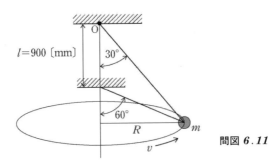

問図 6.11

7

剛体の動力学

　外力の作用線が物体の重心を通らない場合には，並進運動のほかに回転運動を伴う。したがって，もはやその物体を質点とみなすことはできない。本章では，そのような場合の動力学について学ぶことにする。

7.1　角運動方程式と慣性モーメント

　図 7.1 に示すように，質量 m の質点とみなしてよい物体が質量を無視できる長さ r の棒の一端に取り付けられ，他端は，回転自由なピン O に結合されている。

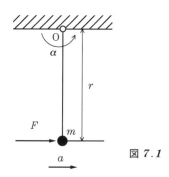

図 7.1

　いま，この物体に棒に対し直角な力 F を作用させる。そうすると，つぎの運動方程式が成り立つ。

$$F = ma \tag{7.1}$$

　この場合，この物体はピン O を中心とする円運動を始めるので角加速度を α とすると，$a = r\alpha$ となる。式（7.1）の両辺に r を乗じて

$$Fr = mar = mr^2\alpha \tag{7.2}$$

が得られる。Fr は力のモーメントで回転させようという作用であり,この場合**トルク** (torque) といい T で表す。そうすると,式 (7.2) は

$$T = (mr^2)\alpha \tag{7.3}$$

と書くことができる。

式 (7.3) の mr^2 は,並進運動の運動方程式の質量に対応し,トルク T によって引き起こされる回転運動の変化の大小を示す量と解釈され,図 **7.1** の装置における**慣性モーメント** (moment of inertia) と呼ぶ。慣性モーメントは,記号 I を用いて表現され,この特殊な装置では

$$I_0 = mr^2 \tag{7.4}$$

となる。この記号を用いると式 (7.3) は

$$T = I_0\alpha \tag{7.5}$$

と表現できる。この式を,**角運動方程式** (equation of angular motion) といい,トルクと角加速度の関係を示している。式 (7.4) からわかるように慣性モーメントの単位は〔kgm²〕である。式 (7.5) を 6 章の式 (6.1) と対比させるとわかるように,慣性モーメント I_0 は,運動方程式における質量 m に対応している。

図 **7.2** に示す,質量 m の物体が任意に選ばれた固定軸 O の周りを回転するときの慣性モーメントについて考えてみる。

物体の質量を微小要素 Δm_1, Δm_2, Δm_3, … に分けて考え,これらの微小要

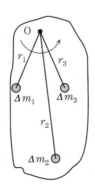

図 **7.2** 慣性モーメント

素が固定軸 O から，$r_1, r_2, r_3, \cdots$ の位置にあるとすれば，要素それぞれの軸 O に関する微小慣性モーメント $\varDelta I_1, \varDelta I_2, \varDelta I_3, \cdots$ は，式(7.4)より，つぎのようになる．

$$\varDelta I_1 = \varDelta m_1 r_1^2$$
$$\varDelta I_2 = \varDelta m_2 r_2^2$$
$$\varDelta I_3 = \varDelta m_3 r_3^2$$
$$\cdots$$

したがって，物体全体では，これらの合計をとると

$$I = \lim_{\varDelta m_i \to 0} \sum \varDelta m_i r_i^2$$

となり，この式を積分形で書くと

$$I = \int r^2 dm \tag{7.6}$$

が得られる．この式によって，物体の与えられた軸に関する慣性モーメントが計算できる．物体の全質量を m とするとき，慣性モーメント I は，$I = mk^2$ で表すことができる．この k は，軸 O からの距離を示し，その点に全質量が集中しているものと考えられる．k は

$$k = \sqrt{\frac{I}{m}} \tag{7.7}$$

により定義され，**回転半径**（radius of gyration）という．

例題 7.1 慣性モーメント $I = 10 \, [\mathrm{kg \cdot m^2}]$ のはずみ車が，一定のトルク T を受けて，回転し始めた．$t = 50 \, [\mathrm{s}]$ で $n = 150 \, [\mathrm{rpm}]$ になったとするとこの間に作用したトルク T はどれほどか．

【解答】 トルクが一定であることから等角加速度運動となる．したがって，角加速度 α は式 (5.39) および式 (5.51) より

$$\alpha = \left(\frac{2\pi n}{60}\right)\frac{1}{t} = \left(\frac{2\pi \times 150}{60}\right)\frac{1}{50} = \frac{\pi}{10} \, [\mathrm{rad/s^2}] \tag{a}$$

となる．求めるトルク T は式 (7.5) より，つぎのように求まる．

$$T = I\alpha = 10\,\frac{\pi}{10} = 3.14 \, [\mathrm{N \cdot m}] \tag{b}$$

◇

7.2 慣性モーメント

7.2.1 慣性モーメント

慣性モーメントを具体的に計算するときに，つぎに述べる二つの定理がよく用いられる．

---

① **平行軸の定理** 質量 m の物体の重心 G を通る軸 z に関するその物体の慣性モーメントを I_G とすれば，z 軸に平行で距離 d だけ離れた z' 軸に関する慣性モーメント I は

$$I = I_G + md^2 \tag{7.8}$$

となる．

図 7.3 に示すように，重心 G を原点とする座標系 G-xyz をとり，z 軸から任意の距離 r に微小要素 dm をとる．z 軸に平行で d だけ離れた軸を z' 軸とすると，z' 軸とこの要素 dm の距離は r' となる．ここで，r' は

$$r'^2 = x^2 + (y+d)^2 = r^2 + d^2 + 2yd \tag{7.9}$$

となる．この式の各項を m で積分すると

$$\int r'^2 dm = \int r^2 dm + d^2 \int dm + 2d \int y dm \tag{7.10}$$

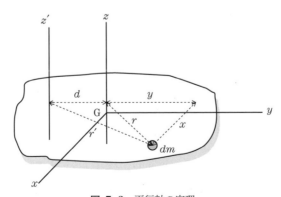

図 7.3 平行軸の定理

が得られる。ここで,左辺は I であり,右辺第1項は, I_G である。第2項は, md^2 となり,第3項の積分は,座標原点が重心であることから0であるので式(7.10)は,式(7.8)に一致する。

> ② **直交軸の定理** この定理は,薄い板状の物体にのみ適用されるものである。板面内の任意の1点に座標原点Oをとり,点Oを通り面に垂直な z 軸に関する慣性モーメントは,点Oを通り,たがいに直交する x, y 軸に関する慣性モーメントの和に等しい。

図7.4に示すように,面内の任意の1点を原点とする座標系O-xyzをとり,z軸から任意の距離 r に微小要素 dm をとる。ここで,$r^2=x^2+y^2$ の関係があるので,この式の各項を m で積分すると

$$\int r^2 dm = \int x^2 dm + \int y^2 dm \tag{7.11}$$

が得られる。したがって

$$I_z = I_x + I_y \tag{7.12}$$

となる。この I_z を,**極慣性モーメント** (polar moment of inertia) と呼ぶ。

表7.1に簡単な形をした均質な物体の慣性モーメントと回転半径を示す。

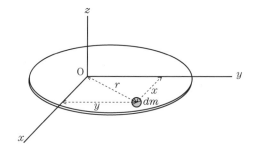

図7.4 直交軸の定理

表 7.1 簡単な形をした均質な物体の慣性モーメントと回転半径

名称	形 状	慣性モーメント	回転半径
細い棒	A———G——— $\frac{l}{2}$ 　$\frac{l}{2}$	$I_A = \dfrac{ml^2}{3}$ $I_G = \dfrac{ml^2}{12}$	$k_A = \dfrac{l}{\sqrt{3}}$ $k_G = \dfrac{l}{\sqrt{12}}$
円環	半径 R, 中心 G	$I_x = I_y = \dfrac{mR^2}{2}$ $I_z = mR^2$	$k_x = k_y = \dfrac{R}{\sqrt{2}}$ $k_z = R$
長方形板	縦 h, 横 b	$I_x = \dfrac{mh^2}{12}$ $I_y = \dfrac{mb^2}{12}$ $I_{x'} = \dfrac{mh^2}{3}$ $I_z = \dfrac{m(b^2+h^2)}{12}$	$k_x = \dfrac{h}{\sqrt{12}}$ $k_y = \dfrac{b}{\sqrt{12}}$ $k_{x'} = \dfrac{h}{\sqrt{3}}$ $k_z = \sqrt{\dfrac{b^2+h^2}{12}}$
三角形板	底辺 a, 上辺までの横 b, 高さ h	$I_x = \dfrac{mh^2}{18}$ $I_y = \dfrac{m(a^2-ab+b^2)}{18}$ $I_{x'} = \dfrac{mh^2}{6}$ $I_z = \dfrac{m(a^2-ab+b^2+h^2)}{18}$	$k_x = \dfrac{h}{\sqrt{18}}$ $k_y = \sqrt{\dfrac{a^2-ab+b^2}{18}}$ $k_{x'} = \dfrac{h}{\sqrt{6}}$ $k_z = \sqrt{\dfrac{a^2-ab+b^2+h^2}{18}}$
直方体	辺 a, b, c	$I_x = \dfrac{m(b^2+c^2)}{12}$ $I_y = \dfrac{m(c^2+a^2)}{12}$ $I_z = \dfrac{m(a^2+b^2)}{12}$	$k_x = \sqrt{\dfrac{b^2+c^2}{12}}$ $k_y = \sqrt{\dfrac{c^2+a^2}{12}}$ $k_z = \sqrt{\dfrac{a^2+b^2}{12}}$

表 **7.1** （つづき）

名称	形 状	慣性モーメント	回転半径
円柱		$I_x = I_y = \dfrac{m(3R^2+h^2)}{12}$ $I_{y'} = \dfrac{m(3R^2+4h^2)}{12}$ $I_z = \dfrac{mR^2}{2}$	$k_x = k_y = \sqrt{\dfrac{3R^2+h^2}{12}}$ $k_{y'} = \sqrt{\dfrac{3R^2+4h^2}{12}}$ $k_z = \dfrac{R}{\sqrt{2}}$
円錐		$I_x = I_y = \dfrac{3m(4R^2+h^2)}{80}$ $I_z = \dfrac{3mR^2}{10}$	$k_x = k_y = \sqrt{\dfrac{3(4R^2+h^2)}{80}}$ $k_z = \sqrt{\dfrac{3}{10}}R$
球		$I_x = I_y = I_z = \dfrac{2mR^2}{5}$	$k_x = k_y = k_z = \sqrt{\dfrac{2}{5}}R$

7.2.2 慣性モーメントの計算例

実用上しばしば使用される簡単な形状を持つ物体の慣性モーメントを計算してみる。

例題 7.2（細い棒）図 **7.5** に示す，長さ l，質量 m，断面積 a の一様な細い棒の重心 G を通り，棒に直角な軸に関する慣性モーメント I_G を求めよ。また，棒の一端である点 A を通る軸に関する慣性モーメント I_A および I_G，I_A の回転半径 k_G，k_A も求めよ。

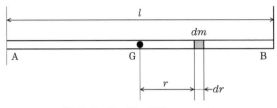

図 7.5 細い棒の慣性モーメント

【解答】 密度を ρ とすれば，図 7.5 の要素の質量は $dm = \rho a dr$ となるので，式 (7.6) から，重心を通る軸に関する慣性モーメントは

$$I_G = \int_{-\frac{l}{2}}^{\frac{l}{2}} \rho a r^2 dr = 2\rho a \int_0^{\frac{l}{2}} r^2 dr = \frac{ml^2}{12} \quad (a)$$

となる。また，棒の一端，点 A を通る軸に関する慣性モーメント I_A は，平行軸の定理から

$$I_A = I_G + m\left(\frac{l}{2}\right)^2 = \frac{ml^2}{12} + \frac{ml^2}{4} = \frac{ml^2}{3} \quad (b)$$

となる。回転半径は，それぞれ

$$k_G = \sqrt{\frac{I_G}{m}} = \frac{l}{\sqrt{12}} = \frac{l}{2\sqrt{3}} \quad (c)$$

$$k_A = \sqrt{\frac{I_A}{m}} = \frac{l}{\sqrt{3}} \quad (d)$$

となる。 ◇

例題 7.3（長方形の板） 図 7.6 に示す，幅 b，高さ h，厚さ t，質量 m の一様な長方形板の x 軸，y 軸，z 軸に関する慣性モーメント I_x, I_y, I_z および回転半径 k_x, k_y, k_z を求めよ。

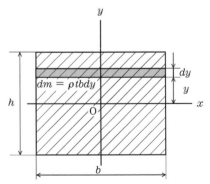

図 7.6 長方形板の慣性モーメント

7.2 慣性モーメント

【解答】 密度をρとすれば，図7.6の微小要素の質量は$dm=\rho tbdy$となるので，式(7.6)から，軸に関する慣性モーメントは

$$I_x = \int_{-\frac{h}{2}}^{\frac{h}{2}} \rho tby^2 dy = 2\rho tb \int_0^{\frac{h}{2}} y^2 dy = \frac{mh^2}{12} \qquad (a)$$

となる．同様にして，y軸に関する慣性モーメントは次式となる．

$$I_y = \frac{mb^2}{12} \qquad (b)$$

z軸に関する慣性モーメントは，直交軸の定理により

$$I_z = I_x + I_y = \frac{mh^2}{12} + \frac{mb^2}{12} = m\frac{(h^2+b^2)}{12} \qquad (c)$$

となる．また，それぞれの回転半径は

$$k_x = \frac{h}{2\sqrt{3}} \qquad (d)$$

$$k_y = \frac{b}{2\sqrt{3}} \qquad (e)$$

$$k_z = \frac{\sqrt{h^2+b^2}}{2\sqrt{3}} \qquad (f)$$

となる． ◇

例題7.4（円板） 図7.7に示す，半径R，厚さt，質量mの円板のx軸，y軸，z軸に関する慣性モーメントI_x，I_y，I_zを求めよ．

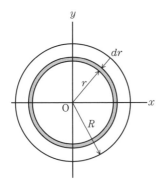

図7.7 円板の慣性モーメント

【解答】 密度をρとすれば，図7.7の円環状微小要素の質量は$dm=2\pi\rho rtdr$であるので，式(7.6)から，z軸に関する慣性モーメントは

$$I_z = \int_0^R r^2 (2\pi \rho r t dr) = 2\pi \rho t \int_0^R r^3 dr = \frac{\pi \rho t R^4}{2} = m \frac{R^2}{2} \quad (a)$$

となる。ここで，x，y 軸の慣性モーメントは等しいので，直交軸の定理により

$$I_x = I_y = \frac{I_z}{2} = m \frac{R^2}{4} \quad (b)$$

が得られる。また，回転半径は，それぞれ次式となる。

$$k_x = k_y = \frac{R}{2} \quad (c)$$

$$k_z = \frac{R}{\sqrt{2}} \quad (d)$$

◇

例題 7.5（円柱） 図 7.8 に示す，半径 R，高さ h，質量 m の円柱の y 軸および z 軸に関する慣性モーメント I_y，I_z を求めよ。

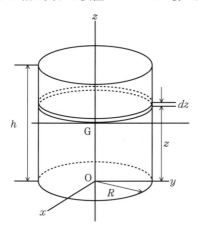

図 7.8 円柱の慣性モーメント

【解答】 図 7.9 のように厚さ dz の円板状微小要素をとると，この要素の y 軸に関する慣性モーメント dI_y は，例題 7.4 の式（b）と平行軸の定理により

$$dI_y = \rho \pi R^2 dz \frac{R^2}{4} + \rho \pi R^2 dz \, z^2 \quad (a)$$

となる。したがって，全体では，式（a）を積分して

$$I_y = \frac{\rho \pi R^4}{4} \int_0^h dz + \rho \pi R^2 \int_0^h z^2 dz = \frac{\rho \pi R^4 h}{4} + \frac{\rho \pi R^2 h^3}{3} \quad (b)$$

を得る。全体の質量は，$m = \rho \pi R^2 h$ であるので，y 軸に関する慣性モーメントは

$$I_y = m \frac{R^2}{4} + m \frac{h^2}{3} = m \left(\frac{R^2}{4} + \frac{h^2}{3} \right) \quad (c)$$

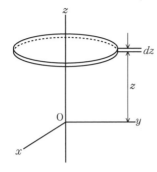

図 7.9 円板状微小要素

となる。y 軸に平行で重心を通る軸に関する慣性モーメント I_G は，平行軸の定理を用いれば次式となる。

$$I_G = m\left(\frac{R^2}{4} + \frac{h^2}{12}\right) \tag{d}$$

図 7.9 の円板状要素の z 軸に関する慣性モーメント dI_z は，例題 7.4 の式（a）より

$$dI_z = \rho\pi R^2 dz \frac{R^2}{2} \tag{e}$$

となり，式（e）を積分すれば円板の z 軸に関する慣性モーメント〔例題 7.4 の式（a）〕と同じ結果が得られる。

$$I_z = \frac{\rho\pi R^4}{2}\int_0^h dz = m\frac{R^2}{2} \qquad \diamondsuit$$

例題 7.6（球） 図 7.10 に示す，半径 R，質量 m の球の重心軸（z 軸）に関する慣性モーメント I_z を求めよ。

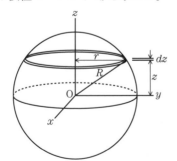

図 7.10 球の慣性モーメント

【解答】 図 7.10 のように円板状微小要素をとると，この要素の z 軸に関する慣性モーメント dI_z は，例題 7.4 の式（a）より

134   7. 剛体の動力学

$$dI_z = \rho\pi r^2 dz \frac{r^2}{2} = \frac{\rho\pi}{2}(R^2-z^2)^2 dz \tag{a}$$

である．したがって，球全体では

$$I_z = \frac{\rho\pi}{2}\int_{-R}^{R}(R^4-2R^2z^2+z^4)dz = \frac{8\rho\pi R^5}{15} \tag{b}$$

となり，球の質量は，$4\rho\pi R^3/3$ であるから

$$I_z = m\frac{2R^2}{5} \tag{c}$$

となる．　◇

例題 7.7 質量 400〔kg〕，回転半径 350〔mm〕の物体が 30 秒間に回転数が 200〔rpm〕から 140〔rpm〕となった．角加速度 α とトルク T を求めよ．

【解答】 慣性モーメント I は

$$I = mk^2 = 49\,[\text{kg}\cdot\text{m}^2]$$

である．また，角加速度 α は

$$\alpha = \frac{\frac{2\pi}{60}(140-200)}{30} = -0.2094 = -0.209\,[\text{rad}/\text{s}^2]$$

となる．したがって，トルク T は，つぎのように求められる．

$$T = I\alpha = -10.3\,[\text{N}\cdot\text{m}]$$

ここで，負の符号は回転方向に対し，角加速度，トルクともに逆向きであることを示している．　◇

7.3 剛体の平面運動

剛体が重心を含む平面内にいくつかの力を受けるとき，その平面内で並進運動をするとともに回転運動をする．そのとき，外力の合力 F が重心に作用する力と考えられる**並進運動**と合成されたモーメント M による重心を軸とする**回転運動**を重ね合わせれば剛体の平面運動となる．

すなわち，外力の合力を ΣF，剛体の質量を m，重心の加速度を a とすると，並進運動の運動方程式は

$$\Sigma F = ma \tag{7.13}$$

である．一方，平面に垂直な重心軸に関する角運動方程式は，外力による合成

モーメントを $\sum T$,剛体の重心軸に関する慣性モーメントを I_G,角加速度を α とすれば

$$\sum T = I_G \alpha \tag{7.14}$$

となる。剛体が平面内において外力を受けて並進運動と回転運動の両方を行う場合は,それぞれについて式(7.13)または式(7.14)を用いて運動方程式を立てて連立方程式を解けば,剛体の平面運動を解析できる。

例題 7.8(斜面を転がる球) 図 7.11 に示すように,水平とのなす角 θ の斜面上を半径 R,質量 m の球が滑らずに転がるときの加速度 a を求めよ。

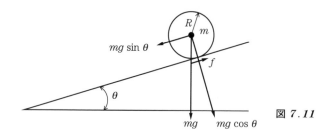

図 7.11

【解答】 斜面に沿う方向の球に作用する合力 F は,摩擦力を f とすれば

$$F = mg \sin\theta - f$$

である。したがって,並進運動の運動方程式は

$$mg \sin\theta - f = ma \tag{a}$$

となる。重心軸に作用するモーメントは $T = fR$ であるので,球の重心を通る軸に関する慣性モーメントを I_G とおけば角運動方程式は

$$fR = I_G \alpha \tag{b}$$

である。I_G は,例題 7.6 の式(c)より

$$I_G = \frac{2mR^2}{5} \tag{c}$$

である。滑らずに転がるための条件は

$$a = R\alpha \tag{d}$$

となる。式(c),(d)を式(b)へ代入して整理すると

$$f = \frac{2ma}{5} \tag{e}$$

が得られる。式(e)と式(a)から,重心の加速度は,次式となる。

$$a = \left(\frac{5}{7}\right) g \sin\theta \qquad \diamondsuit$$

例題 7.9（切り離された直後の棒） 図 7.12 に示すように，長さ l，質量 m の棒が両端をひもにより拘束され，水平につるされている。ひも BC を切断し，切り離された直後に生じる棒の加速度 a とひも AD に作用する力 F を求めよ。ただし，ひもの質量は無視できるものとする。

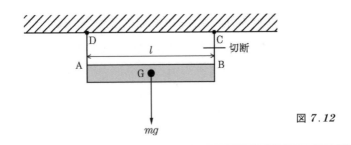

図 7.12

【解答】 棒の重心の運動方程式は，次式となる。
$$mg - F = ma \qquad (a)$$
棒の重心を軸とする角運動方程式は
$$F \frac{l}{2} = I_G \alpha \qquad (b)$$
である。慣性モーメント I_G は，例題 7.2 の式 (a) より
$$I_G = \frac{ml^2}{12} \qquad (c)$$
となり，ひも AD が伸縮しないための条件は
$$a = \frac{l}{2} \alpha \qquad (d)$$
である。これら式 (a)～(d) より，重心の加速度 a とひも AD の張力 F を得る。
$$a = \frac{3g}{4} \qquad (e)$$
$$F = \frac{mg}{4} \qquad (f)$$

$\diamondsuit$

例題 7.10 図 7.13 に示すように，軽い糸に巻きつけられた質量 m，半径 R の円柱がある。床との摩擦は十分にあるものとして糸の一端に力 F を加えたとき，円柱の中心 O の加速度を求めよ。

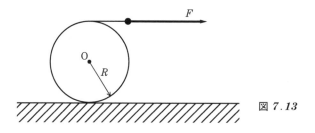

図 7.13

【解答】 円柱と床間の摩擦力を f とすれば，重心の並進運動方程式は

$$F-f=ma \tag{a}$$

である。円柱に作用するトルクは，この場合 $T=FR+fR$ となる。また，円柱の中心を通る軸に関する慣性モーメントは，$mR^2/2$ である。ここで，角加速度を α とすれば，重心軸に関する角運動方程式は次式となる。

$$(F+f)R=m\frac{R^2}{2}\alpha \tag{b}$$

滑らずに転がるための条件は

$$a=R\alpha$$

である。以上の 3 式より，加速度 a は，つぎのように求められる。

$$a=\frac{4F}{3m} \qquad \diamondsuit$$

演 習 問 題

【1】 問図 7.1 に示す，底辺 b，高さ h，質量 m の三角形板のつぎの軸に関する慣性モーメントを求めよ。
① 底辺と平行で頂点 C を通る軸
② 底辺に平行で重心を通る軸
③ 底辺を通る軸

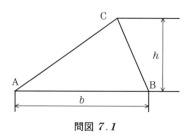

問図 7.1

【2】 問図 7.2 に示すように，直径 100〔mm〕の穴 4 個を持つ，厚さ 50〔mm〕，直径 300〔mm〕の鋼製円板がある．この穴は直径 175〔mm〕の同心円上等間隔に設けられている．鋼の密度を 7.86×10^3〔kg/m³〕とするとき
① この製品の質量を求めよ．
② 円板の中心を通り，板面に垂直な軸 z に関する慣性モーメントを求めよ．

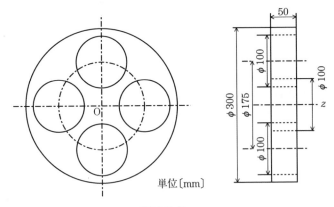

問図 7.2

【3】 問図 7.3 は，鋼製の段付棒である．この棒が軸心に対し垂直な軸 y' の周りを回転するとき，慣性モーメントが最小になる軸 y' の位置と $I_{y'}$ を求めよ．ここで，鋼の密度は 7.86×10^3〔kg/m³〕とする．

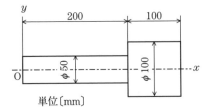

問図 7.3

【4】 問図 7.4 に示す質量 m，外半径 R_2，内半径 R_1 の円板の板面に垂直で中心を通る軸 z に関する慣性モーメント I_z を求めよ．また，この軸 z に平行で，外周の 1 点 P に接する軸 z' に関する慣性モーメント $I_{z'}$ はどれほどか．

【5】 問図 7.5 に示す一辺の長さ a，質量 m の正方形板の軸 x に関する慣性モーメント I_x と 45°傾けられた軸 x' に関する慣性モーメント $I_{x'}$ が等しいことを示せ．

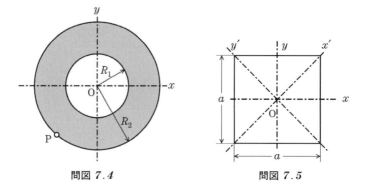

問図 7.4　　　　　　　　問図 7.5

【6】 質量 30〔kg〕，直径 3〔m〕の円板が板の中心を通り，板面に直角な軸の周りを 300〔rpm〕で回転している。この円板に一定のトルク T を加えて 20 秒間で静止させた。この間の減角加速度 α とトルクを求めよ。

【7】 問図 7.6 に示す，半径 R，質量 m_3 の円板状定滑車にひもをかけその両端に質量 m_1，m_2 のおもりを取り付けた。$m_1=10$〔kg〕，$m_2=15$〔kg〕，$m_3=20$〔kg〕とするとき，おもりの加速度 a を求めよ。ただし，滑車とひもは滑らないものとし，滑車と軸の摩擦は無視できるものとする。

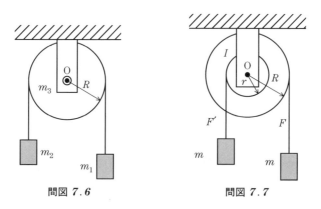

問図 7.6　　　　　　　　問図 7.7

【8】 問図 7.7 に示す，慣性モーメント I の輪軸がある。この輪軸にたがいに反対向きにひもを巻き付け，等しい質量 m のおもりを付けて離すとき，輪軸の角加速度 α およびひもの張力 F，F' を求めよ。ただし，中心軸と輪軸の摩擦は無視できるものとする。

【9】 問図 7.8 に示す，ひもを巻きつけられた質量 m，半径 r の円柱がある。ひもの一端を点 A に固定し円柱を落下させるとき，ひもの張力 F と円柱の重心の加速度 a を求めよ。

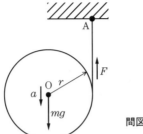

問図 7.8

【10】 半径 r，質量 m の円柱が，水平とのなす角 θ の斜面を滑ることなく転がり落ちていくときの加速度 a を求めよ。

【11】 問図 7.9 に示すように，角 θ の斜面上にある半径 r，質量 m_1 の円柱の中心を通る回転軸にひもを結びつけ，質量と摩擦を無視できる定滑車を経て鉛直のつるした質量 m_2 のおもりを取り付ける。円柱が斜面上を滑ることなく転がりながら上昇するとき，円柱の加速度 a を求めよ。

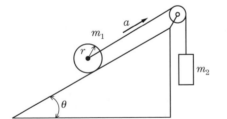

問図 7.9

【12】 直径 60 [cm] の円板を水平な床上に鉛直に立て，右向きに重心の速度 $v_0=3$ [m/s] と反時計回りに角速度 $\omega_0=200$ [rad/s] を与えて滑りながら転がす。摩擦係数を $\mu=0.25$ とするとき，床との滑りがなくなるまでの時間 t を求めよ。

【13】 問図 7.10 に示すベルト車 A，B の半径をそれぞれ R_A，R_B とし，慣性モーメントを I_A，I_B とする。A のベルト車にトルク T を作用するとき，B の角加速度 α とベルトの張力差 T_2-T_1 を求めよ。

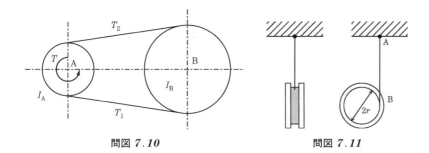

問図 7.10　　　　　　　　　　問図 7.11

【14】 問図 7.11 に示すように，巻胴の半径 r，質量 m の物体に長さ l のひもが巻きつけられ，巻胴の中心からＡＢだけ上方にひもの一端が固定されている．この物体が静止の状態から落下させた場合，ひもが解け終わる瞬間における巻胴の速度 v を求めよ．ただし，回転軸はつねに水平を保つものとし，巻胴の重心を通る慣性モーメントを I_G とする．

【15】 問図 7.12 は，質量 m_1 のおもりが質量と摩擦を無視できる滑車を経て質量 m_2 の円柱に巻き付けられたひもによりつるされている状態を示している．
① 円柱は中心を軸として滑らずに転がるものとして，静止状態よりスタートし，おもりが x だけ移動するとき，円柱の移動距離が $x/2$ となることを示せ．
② そのときの円柱の回転角 θ を求めよ．
③ 円柱と水平な台との摩擦力を F とし，ひもの張力を T とするとき円柱の並進運動方程式と角運動方程式を求めよ．なお，円柱の転がり摩擦はないものとし，慣性モーメントは $m_2 r^2/2$ とする．
④ おもり m_1 の運動方程式を求めよ．
⑤ おもり m_1 の加速度 d^2x/dt^2 を求めよ．

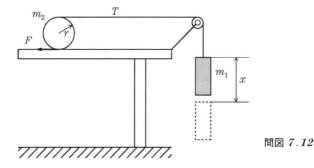

問図 7.12

8

運動量と力積

　ハンマでくぎを打つ動作を考えてみると，両者はきわめて短時間の接触で，大きな力を発生させ，くぎを材料に押し込んでいく。また，車どうしがぶつかる場合，衝突時間が短いほど大きな力が働いて車の破損はおろか人命を落とす事故にもつながる。これらの現象は明らかに物体の質量と速度および接触時間に関係している。本章では物体どうしの衝突や連続体が生み出す力などについて学ぶ。

8.1 運動量と力積

　図 8.1 のように，速度 v_0 で動いている質量 m の物体に，一定の力 F がある時間 t だけ働き，速度が v まで増加したとする。速度の増分は $\Delta v = v - v_0$ であるから，このときの平均加速度 a は

$$a = \frac{v - v_0}{t} \tag{8.1}$$

である。これを 6 章で説明した運動の第二法則に代入すると

$$F = ma = m\frac{v - v_0}{t} = \frac{mv - mv_0}{t} \tag{8.2}$$

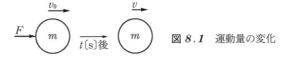

図 8.1　運動量の変化

　式 (8.2) において質量 m と速度 v の積で表される量 mv を **運動量** (momentum) といい，運動の激しさを表す。なお，運動量は大きさ，方向，

向きを持つのでベクトル量であり，単位は〔kg・m/s〕または〔N・s〕である。

式 (8.2) は「物体の単位時間当りの運動量の変化が，その物体に働く力に等しい」ことを示す。また，「力が働かなければ運動量は変化しない」ということもできる。さらに式 (8.2) を変形すると

$$Ft = mv - mv_0 \tag{8.3}$$

となる。左辺は物体に作用した一定の力 F と作用した時間 t との積であり，これを**力積** (impulse) という。力積の単位は〔N・s〕で表される。式 (8.3) は，つぎのように表現することができる。

「運動量の変化量は力積に等しい」。

力積が一定であれば，すなわち，運動量の変化量が一定であれば働く力の大きさと作用する時間とは反比例の関係にある。作用時間がきわめて短い場合は，働く力はこれと逆に非常に大きくなる。建築現場で使うくい打ち機，くぎを打つのに使うハンマ等はこの例である。また，作用時間がきわめて長い場合は，働く力はこれと逆に非常に小さくなる。車のクッション，人が地面に飛び降りるときの着地姿勢，梱包に使う緩衝材などはこの例である。

また，式 (8.3) はもともと，運動の第二法則から導いたものであるから，$F = ma$ という表現を書き換えたものであるといってもよい。

力 F が t_1 から t_2 まで時間的に変化する場合，式 (8.3) は

$$\int_{t_1}^{t_2} F(t)\,dt = mv - mv_0 \tag{8.4}$$

と表すことができる。

例題 8.1 水平方向に速度 $v_1 = 10$〔m/s〕で運動している質量 $m = 50$〔kg〕の物体が，一定の摩擦力 F を受け，$t = 2$〔s〕後に速度 $v_2 = 4$〔m/s〕になったという。このときの摩擦係数 μ はいくらか。なお，摩擦力 F は摩擦係数 μ と重力 mg の積で表される。

【解答】 式 (8.2) より

$$(-F) = m\frac{(v_2 - v_1)}{t} = 50\frac{(4-10)}{2} = -150 \,〔\text{N}〕$$

$F = \mu mg$ であるから

$$\mu = \frac{|F|}{mg} = \frac{150}{50 \times 9.80} = 0.31$$

である。

例題 8.2 ピッチャーが投げた 150〔km/h〕の剛速球を打者がとらえた。質量 140〔g〕のボールが静止するまでに 0.02〔s〕かかったという。この時間の間にバットに作用する力 F はいくらか。

【解答】 式 (8.2) より

$$F = 0.140 \frac{\left(0 - 150 \times \frac{1\,000}{3\,600}\right)}{0.02} = -292 \text{〔N〕}$$

すなわち，$F = 292$〔N〕の力が瞬間的にバットに作用する。 ◇

例題 8.3 最初 $t = 0$ で，速度 $v_1 = 10$〔m/s〕であった質量 $m = 2$〔kg〕の物体が，運動と同じ方向に力 $F(t) = t^2$ を受けた場合，$t_2 = 5$〔s〕後の速度 v_2 はいくらとなるか。

【解答】 式 (8.4) を使うと，力積は

$$\int_0^5 t^2 dt = \left[\frac{1}{3} t^3\right]_0^5 = 41.67 \text{〔N・s〕}$$

これが運動量の変化に等しいので，$2(v_2 - 10) = 41.67$ となり

$$v_2 = \frac{(41.7 + 20)}{2} = 30.8 \text{〔m/s〕}$$

である。

例題 8.4 機関車が全質量 $m = 1.80 \times 10^6$〔kg〕の貨物列車を引き，2分間で速度を 70〔km/h〕から 94〔km/h〕にした。どれだけの力 F で列車を引っ張っているか。ただし，列車の走行には質量 1 000〔kg〕当り 50〔N〕の抵抗が働くものと仮定する。また，もしこの列車を 1/100 の勾配で上と同じように加速するとすればどれだけの力 F' が必要か。

【解答】 抵抗力は $R = 50 \times 1\,800 = 90$〔kN〕である。式 (8.2) より

$$F_1 = \frac{m(v_2-v_1)}{t} = \frac{1\,800 \times 1\,000\,(94-70) \times \dfrac{1\,000}{3\,600}}{2\times 60} = 100\,[\text{kN}]$$

したがって

$$F = R + F_1 = 90 + 100 = 190\,[\text{kN}]$$

また，勾配がある場合は重力の斜面成分は勾配が微小なので

$$mg\sin\theta \fallingdotseq mg\tan\theta = 1\,800 \times 1\,000 \times 9.8 \times \frac{1}{100} = 176.4\,[\text{kN}]$$

以上から，斜面では

$$F' = F + mg\sin\theta = 190 + 176.4 = 366\,[\text{kN}] \qquad \diamondsuit$$

例題 8.5 質量 $m=2\,[\text{kg}]$ の物体が $v=10\,[\text{m/s}]$ の速さで直線運動しているところへ，進行方向と反対に図 8.2 に示すような力が作用した。力が作用しなくなったときの物体の速度 v を求めよ。

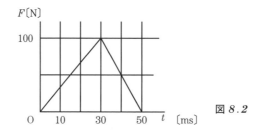

図 8.2

【解答】 図 8.2 の三角形の面積は力積 Ft を表す。
面積は

$$\frac{1}{2} \times 0.05 \times 100 = 2.5\,[\text{N}\cdot\text{s}]$$

式 (8.3) より $-2.5 = 2(v-10)$ であるから $v = 8.75\,[\text{m/s}]$ となる。 $\qquad \diamondsuit$

8.2 運動量保存の法則

図 8.3 に示すように二つの物体 A, B が直線運動をしながら途中で衝突する場合を考える。A, B の質量を m_1, m_2, 衝突前の A, B の速度を v_1, v_2, 衝突後の速度を v_1', v_2' とする。力 F をたがいに及ぼしながら短時間 Δt の間衝

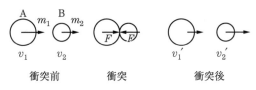

図 *8.3* 2物体の衝突前後の運動量

突をしているので，物体 A，B の力積と運動量の変化の関係式は，それぞれ

物体　A： $(-F)\varDelta t = m_1 v_1' - m_1 v_1$

物体　B： $(+F)\varDelta t = m_2 v_2' - m_2 v_2$

両辺を加え合わせて，整理すると

$$m_1 v_1 + m_2 v_2 = m_1 v_1' + m_2 v_2' = C \quad 〔一定〕 \qquad (8.5)$$

式 (8.5) は，速度の変化があっても衝突の前後における二つの物体の運動量の和はつねに一定であること，すなわち，A，B 二つの物体を一つの系とみなした場合，この系の運動量は保存されることを意味する。式 (8.5) を**運動量保存の法則** (law of conservation of momentum) という。

この運動量保存の法則は二つの物体が同一方向に運動していない場合についても成り立つ。

8.3 角運動量と力積のモーメント

図 *8.4* のように，慣性モーメント I の回転体に，一定のトルク $T = Fr$ がある時間 t だけ働き，角速度が ω_0 から ω まで変化したとする。このときの平均角加速度 α は

$$\alpha = \frac{\omega - \omega_0}{t}$$

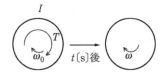

図 *8.4* 角運動量の変化

である。これを7章の式（7.5）の角運動方程式に代入すると

$$T = I\alpha = \frac{I\omega - I\omega_0}{t} \tag{8.6}$$

となる。式（8.6）において慣性モーメントIと角速度ωの積で表される量$I\omega$を**角運動量**（angular momentum）と定義する。

角運動量も大きさ，方向，向きを持つのでベクトル量であり，単位は$[\mathrm{kgm^2/s}]$である。例えば，質点とみなせる質量mの物体が，ある軸から距離rで軸の周りをωで回転運動しているときは，この軸の周りの慣性モーメントIは，$I = mr^2$であるから，角運動量は$I\omega = mr^2\omega$で表される。

式（8.6）は「物体の単位時間当りの角運動量の変化が，その物体に働くトルクに等しい」ことを示す。また，「トルクが働かなければ角運動量は変化しない」ということもできる。式（8.6）を変形すると

$$Tt = I\omega - I\omega_0 \tag{8.7}$$

が得られる。

式（8.7）の左辺は$Tt = Frt = (Ft)r$と書き換えることができる。これは物体に作用する力積と腕の長さとの積であり，これを**力積のモーメント**（momentum of impulse）という。したがって，式（8.7）は

$$(Ft)r = I\omega - I\omega_0 \tag{8.8}$$

と書き直すことができる。力積のモーメントの単位は$[\mathrm{N \cdot m \cdot s}]$である。式（8.8）は，「**角運動量の変化量は力積のモーメントに等しい**」ことを示している。

トルクTがt_1からt_2まで時間的に変化する場合は

$$\int_{t_1}^{t_2} T(t)\,dt = I\omega - I\omega_0 \tag{8.9}$$

と表すことができる。

角運動量の変化が一定の場合は力積のモーメントも一定となる。したがって，トルクの大きさと作用する時間とは反比例の関係にあるので作用時間がきわめて短い場合は，トルクはこれと逆に非常に大きなものとなる。反対に作用

148   8. 運動量と力積

時間が長い場合はトルクは小さなものとなる。走行中の車を停止させる場合，短時間に止めようとすればするほど大きなブレーキトルクが必要となる。

例題 8.6 回転数 $n=1\,200$〔rpm〕で回転している直径 $D=300$〔mm〕，質量 $m=30$〔kg〕の円板状のはずみ車を $t=5$〔s〕で停止させたい。停止に要するトルク T と接線力 F を求めよ。

【解答】 はずみ車の車軸に関する慣性モーメント I_0 は例題 7.4 の式 (a) より

$$I_0 = \frac{1}{2}mr^2 = \frac{1}{2} \times 30 \left(\frac{0.3}{2}\right)^2 = 0.338 \,〔\text{kg·m}^2〕$$

である。また

$$\omega_0 = \frac{2\pi \times 1\,200}{60} = 126 \,〔\text{rad/s}〕$$

であるから，式 (8.6) より

$$T = 0.338 \frac{0-126}{5} = -8.52 \,〔\text{N·m}〕$$

$$F = \frac{T}{r} = \frac{8.52}{0.3/2} = 56.8 \,〔\text{N}〕$$

となる。   ◇

8.4 角運動量保存の法則

8.2 節では運動量保存の法則について説明した。これと同様の考え方で，二つの回転体の接触前後の角運動量に関してつぎの**角運動量保存の法則**（law of conservation of angular momentum）が成り立つ。

$$I_1\omega_1 + I_2\omega_2 = I_1\omega_1' + I_2\omega_2' \tag{8.10}$$

ここで，I_1, I_2 はそれぞれ回転体の重心回りの慣性モーメント，ω_1, ω_2 はそれぞれ接触前の 2 回転体の角速度，ω_1' ω_2' はそれぞれ接触後の角速度である。

例題 8.7 図 8.5 のように，回転数 $n_1=1\,200$〔rpm〕のはずみ車 1（慣性モーメント $I_1=0.5$〔kg·m²〕）と回転数 $n_2=600$〔rpm〕のはずみ車 2（慣性モーメント $I_2=1$〔kg·m²〕）が同じ向きに回転している。この二つのはずみ車を短

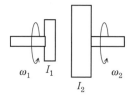

図 8.5　二つのはずみ車

時間で接触させ一体で回転させる。接触後の回転数 n を求めよ。

【解答】　ω_1, ω_2 をそれぞれ接触前の両はずみ車の角速度，ω を接触後一体となったときの角速度とすれば，式 (8.10) より $I_1\omega_1+I_2\omega_2=(I_1+I_2)\omega$ であるから

$$\omega=\frac{I_1\omega_1+I_2\omega_2}{I_1+I_2}=\frac{(0.5\times 1\,200+1\times 600)\times 2\pi}{(0.5+1)\times 60}=83.73\,[\mathrm{rad/s}]$$

である。したがって

$$n=\frac{83.73}{2\pi}\times 60 \fallingdotseq 800\,[\mathrm{rpm}]$$

となる。　　　　　　　　　　　　　　　　　　　　　　　　　　　　◇

8.5　衝　　　突

物体の衝突は衝突前後の運動の状態で向心衝突，心向き斜め衝突および偏心衝突の三つに分けられる。以下，それぞれの特徴について述べる。

$8.5.1$　向　心　衝　突

衝突前後の運動の方向が，質量 m_1, m_2 の二つの物体 A，B の重心を結ぶ線上にある場合を向心衝突という。図 8.6 において，$v_1>v_2$ であれば，物体 A は B に接近しながら衝突し，衝突後は $v_2'>v_1'$ となって物体 B は物体 A から離れていく。v_1-v_2 を**接近速度**（approaching velocity），また，$v_2'-v_1'$ を**分離速度**（separating velocity）という。この二つの相対速度の比

$$e=\frac{v_2'-v_1'}{v_1-v_2} \tag{8.11}$$

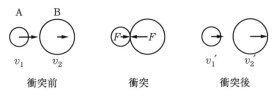

図 8.6 向 心 衝 突

を**反発係数**（coefficient of restitution）という。

　反発係数は衝突前後の二つの物体の，両物体の物理的性質によって定まる数値である。おもな物質どうしの反発係数の値を**表 8.1** に示す。反発係数は，$e=1$ のとき**完全弾性衝突**，$e=0$ のとき**完全非弾性衝突**という。実際の物体どうしの場合は $0<e<1$ であり，この場合を**不完全弾性衝突**という。不完全弾性衝突における衝突後の速度 v_1', v_2' は式 (8.5) と式 (8.11) から求めることができる。

表 8.1 反 発 係 数

物質 A	物質 B	反発係数
ガラス	ガラス	0.95
ガラス	鋳 鉄	0.91
黄 銅	ガラス	0.78
鋳 鉄	鋳 鉄	0.65
鋼	鋼	0.55
材 木	材 木	0.50
黄 銅	黄 銅	0.35

つぎに特別な場合の衝突を考えてみる。

① 図 8.7 のように，速度 v_1 のボール A を壁 B に直角に衝突させた場合を考える。壁の質量 m_2 はボールの質量 m_1 に比較して，非常に大きいので $v_2=0$, $v_2'=0$ とみなせる。図のように m_1 は v_1 と逆向きに v_1' で跳ね返るものと仮定すれば，式 (8.11) より

$$e=\frac{0-(-v_1')}{v_1-0}=\frac{v_1'}{v_1}$$

となる。すなわち，$v_1'=ev_1$ となり，衝突前より小さい速度 ev_1 で跳ね返るこ

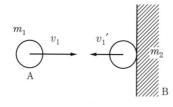

図 8.7 ボールと壁の衝突

とがわかる。

② 図 8.8(a) において，両物体（質量はともに m）の速度がそれぞれ $v_1, v_2 (v_1 > v_2)$ で同じ向きに運動している場合を考える。式 (8.5) と式 (8.11) において $m_1 = m_2 = m$ で，$e = 1$ となるので

$$mv_1 + mv_2 = mv_1' + mv_2'$$

$$e = \frac{v_2' - v_1'}{v_1 - v_2} = 1$$

が得られる。これら2式から，v_1', v_2' を求めると

$$v_1' = v_2, \quad v_2' = v_1$$

となる。すなわち，衝突後は衝突前と速度が入れ替わる。

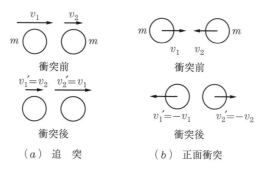

図 8.8

③ $m_1 = m_2 = m$, $e = 1$, $v_2 = -v_1$, すなわち，図(b) のように2物体が同じ速度で正面衝突する場合を考える。衝突前後の2物体の速度の向きを図のように仮定し右向きの運動量を正にとれば，式 (8.5), (8.11) より

$$mv_1 + mv_2 = mv_1' + mv_2'$$

$$e = \frac{v_2' - v_1'}{v_1 - v_2} = 1$$

これらの 2 式より，$v_1' = -v_1 = v_2$，$v_2' = v_1 = -v_2$ が得られる。すなわち衝突後，2 物体はたがいに反対向きに同じ速度で運動することがわかる。

8.5.2 心向き斜め衝突

衝突するとき，速度成分が 2 物体の重心を結ぶ線上にない場合を心向き斜め衝突という。図 8.9 に示すように，質量 m_1，m_2 がそれぞれ v_1，v_2 で衝突し，衝突後の速度が v_1'，v_2' になったとする。物体 A，B の重心を結ぶ線を x 軸にとり，これと直角に y 軸をとる。衝突前の 2 物体の x 軸からの角度をそれぞれ θ_1，θ_2，衝突後のそれらを θ_1'，θ_2' とする。

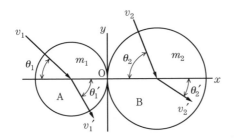

図 8.9 心向き斜め衝突

衝突時に接触面で摩擦力が働かないものとすれば，接触面での接線方向（y 方向）の運動量の変化はない。すなわち

$$m_1 v_1 \sin \theta_1 = m_1 v_1' \sin \theta_1' \tag{8.12}$$

$$m_2 v_2 \sin \theta_2 = m_2 v_2' \sin \theta_2' \tag{8.13}$$

一方，接触面での法線方向，すなわち x 方向には力が作用しているから運動量の変化が生じる。x 方向の速度の変化は，8.5.1 項の向心衝突に相当する。衝突前後の x 方向の運動量の変化は式 (8.5) により

$$m_1 v_1 \cos \theta_1 + m_2 v_2 \cos \theta_2 = m_1 v_1' \cos \theta_1' + m_2 v_2' \cos \theta_2' \tag{8.14}$$

また，式 (8.11) は

$$e = \frac{v_2' \cos \theta_2' - v_1' \cos \theta_1'}{v_1 \cos \theta_1 - v_2 \cos \theta_2} \tag{8.15}$$

である．したがって，式 (8.12)～式 (8.15) より，4 個の未知数 v_1', v_2', θ_1', θ_2' を求めることができる．

例題 8.8 滑らかな 2 個の円板 1, 2 が**図 8.10**のように速度 v_1, v_2, 角度 θ_1, θ_2 で衝突する．それぞれの質量を $m_1=1$ [kg], $m_2=2$ [kg], $v_1=3$ [m/s], $v_2=1$ [m/s], 角度 $\theta_1=30°$, $\theta_2=45°$, 反発係数 $e=0.75$ として衝突後の 2 円板の速度 v_1', v_2' と角度 θ_1', θ_2' を求めよ．衝突時の摩擦を無視する．

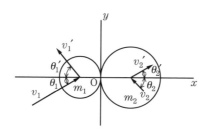

図 8.10

【解答】 共通接線方向（y 方向）成分については摩擦が働かないから，2 円板それぞれの衝突前後の運動量の変化はない．したがって

$v_1 \sin \theta_1 = v_1' \sin \theta_1'$ （a）

$v_2 \sin \theta_2 = v_2' \sin \theta_2'$ （b）

法線方向（x 方向）の成分は向心衝突である．したがって，図に与えられた衝突前後の速度の向きに注意して，式 (8.5) と式 (8.11) を書き換えると，それぞれ

$m_1 v_1 \cos \theta_1 + (-m_2 v_2 \cos \theta_2) = -m_1 v_1' \cos \theta_1' + m_2 v_2' \cos \theta_2'$ （c）

$e = \dfrac{v_2' \cos \theta_2' - (-v_1' \cos \theta_1')}{v_1 \cos \theta_1 - (-v_2 \cos \theta_2)}$ （d）

以上の 4 式を未知数 v_1', v_2', θ_1', θ_2' について解けば

$v_1' = 1.96$ [m/s], $v_2' = 1.41$ [m/s]

$\theta_1' = 50.02°$, $\theta_2' = 30.08°$

が得られる．

8.5.3 偏心衝突

2 物体が衝突する場合，力の作用線が重心を結ぶ線上になければ，並進運動と同時に回転運動も起こる．このような衝突を**偏心衝突**（eccentric impact）

という。偏心衝突では並進運動における運動量保存の法則を使うと同時に回転運動における角運動量の法則も考えなければならない。図 8.11 は球 A が静止している棒 B の点 P に偏心衝突する様子を示す。

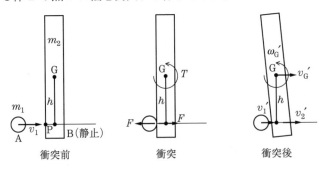

図 8.11 偏心衝突

両者の質量を m_1, m_2, 物体 A の衝突前後の速度を v_1, v_1', 物体 B の接触点 P と重心 G の衝突後の速度をそれぞれ v_2', v_G' とする。物体 A に関する運動量と力積の関係式は，F を物体 A が衝突時に受ける力とすれば，式（8.3）より

$$(-F)t = m_1 v_1' - m_1 v_1 \tag{8.16}$$

物体 B は衝突直後，並進運動をすると同時に重心 G の回りを ω_G' で回転運動する。物体 B の並進運動に関する運動量と力積の関係式は

$$(+F)t = m_2 v_G' \tag{8.17}$$

また，回転運動に関する角運動量と力積のモーメントとの関係式は，重心に働くトルクを T，I_G を重心 G の回りの物体 B の慣性モーメントとすれば，式（8.7）より

$$Tt = I_G \omega_G' \tag{8.18}$$

となる。物体 B の慣性モーメント I_G は回転半径を k_G で表すと，$I_G = m_2 k_G^2$ と書くことができる。h を重心 G から衝突点 P までの距離とすれば，$T = Fh$ なので式（8.18）は

$$Fht = m_2 k_G^2 \omega_G' \tag{8.19}$$

である。物体 B の衝突点 P の衝突後の速度 v_2' は

$$v_2' = v_G' + h\omega_G' \tag{8.20}$$

と表せる。式 (8.20) は，式 (8.17), (8.19)を用いて

$$v_2' = \frac{Ft}{m_2} + \frac{Fh^2 t}{m_2 k_G^2} = \frac{Ft}{m_2}\left(1 + \frac{h^2}{k_G^2}\right) \tag{8.21}$$

のように書き直せる。いま

$$m_r = \frac{m_2}{1 + \left(\dfrac{h}{k_G}\right)^2} \tag{8.22}$$

とおき，式 (8.21) を書き換えると

$$Ft = m_r v_2' \tag{8.23}$$

となる。ここで，m_r を**換算質量** (reduced mass) と呼ぶ。式 (8.16) と式 (8.23) の両辺を加えると

$$m_1 v_1 = m_1 v_1' + m_r v_2' \tag{8.24}$$

式 (8.24) は 2 物体の運動量保存の法則，式 (8.5) に相当する。すなわち，2 物体の偏心衝突の問題が，質量 m_1 と質量 m_r のそれぞれの重心を結ぶ線上での向心衝突する問題に置き換えられたと考えてよい。不完全弾性衝突の場合は反発係数は式 (8.11) より

$$e = \frac{v_2' - v_1'}{v_1} \tag{8.25}$$

であるから

$$v_1' = \frac{m_1 - em_r}{m_1 + m_r} v_1 \tag{8.26}$$

$$v_2' = \frac{m_1(1+e)}{m_1 + m_r} v_1 \tag{8.27}$$

を得る。

例題 8.9 図 8.12 に示すように水平に置かれた厚さが一様で質量 m_2 の鋼板の一端 P に質量 $m_1 = 1$ 〔kg〕の球が水平に速度 $v_1 = 2$ 〔m/s〕で衝突する。衝突後の球の速度 v_1' と板の重心 G に関する角速度 ω_G' を求めよ。ただし，反発係数を $e = 0.7$ とする。

156　　8. 運動量と力積

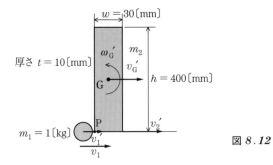

図 **8.12**

【解答】 鋼板の質量は，密度 $\rho = 7\,800\,[\mathrm{kg/m^3}]$ なので，$m_2 = \rho h w t = 7\,800 \times 0.4 \times 0.03 \times 0.01 = 0.936\,[\mathrm{kg}]$ である。また，重心 G に関する慣性モーメントは**表 7.1** より

$$I_\mathrm{G} = \frac{m_2(h^2 + w^2)}{12} = \frac{0.936 \times (0.4^2 + 0.03^2)}{12} = 0.012\,55\,[\mathrm{kgm^2}]$$

である。$I_\mathrm{G} = m_2 k_\mathrm{G}^2$ の関係から

$$k_\mathrm{G} = \sqrt{\frac{0.012\,55}{0.936}} = 0.115\,8\,[\mathrm{m}]$$

となる。したがって換算質量 m_r は式 (8.22) より

$$m_r = \frac{m_2}{1 + \{(h/2)/k_\mathrm{G}\}^2} = \frac{0.936}{1 + \left(\dfrac{0.2}{0.1158}\right)^2} = 0.235\,0\,[\mathrm{kg}]$$

となる。式 (8.26), (8.27) より v_1', v_2' はそれぞれ

$$v_1' = \frac{(m_1 - e m_r) v_1}{m_1 + m_r} = \frac{(1 - 0.7 \times 0.235\,0) \times 2}{1.235\,0} = 1.353\,[\mathrm{m/s}]$$

$$v_2' = \frac{m_1 (1 + e) v_1}{m_1 + m_r} = \frac{1(1 + 0.7) \times 2}{1.235\,0} = 2.753\,[\mathrm{m/s}]$$

さらに，重心の速度 v_G' は，式 (8.16), (8.17) より

$$v_\mathrm{G}' = \frac{m_1 (v_1 - v_1')}{m_2} = \frac{1 \times (2 - 1.353)}{0.936} = 0.6912$$

となる。よって，重心の角速度 ω_G' は式 (8.20) よりつぎのように求められる。

$$\omega_\mathrm{G}' = \frac{v_2' - v_\mathrm{G}'}{h/2} = \frac{2.753 - 0.6912}{0.2} = 10.3\,[\mathrm{rad/s}] \qquad \diamondsuit$$

つぎに図 **8.13** のように，物体 A が速度 v_1 で，1 点 O で回転自由な状態で支えられ静止している棒 B（質量を m_2，点 O に関する慣性モーメントを $I_\mathrm{O} = m_2 k_\mathrm{o}^2$）の点 P に衝突する場合を考える。棒の衝突後の物体 A の点 P の速度を v_1'，棒 B の速度を v_2' とする。

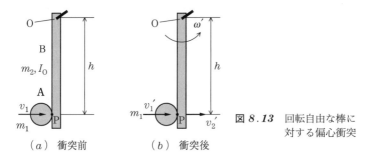

図 8.13 回転自由な棒に対する偏心衝突

衝突前の角運動量は，棒Bは静止しているため，物体Aの角運動量 $(m_1v_1)h$ だけである．一方 ω' を衝突後の点Oに関する角速度とすれば，衝突後の角運動量は物体Aの角運動量 $m_1v_1'h$ と棒Bの角運動量 $I_0\omega'$ との和に等しい．衝突前後の角運動量は等しいので

$$m_1v_1h = m_1v_1'h + I_0\omega' \tag{8.28}$$

$v_2' = h\omega'$, $I_0 = m_2k_0^2$ であるから，式 (8.28) は

$$m_1v_1 = m_1v_1' + m_2\left(\frac{k_0}{h}\right)^2 v_2' \tag{8.29}$$

と書き換えられる．式 (8.29) を式 (8.5) の形にするためには，「換算質量」m_r を

$$m_r = m_2\left(\frac{k_0}{h}\right)^2 \tag{8.30}$$

と定義すればよい．

反発係数は式 (8.25) となるので，式 (8.26), (8.27) で求められる二つの物体の衝突後の速度は m_r の定義を式 (8.30) に置き換えればそのまま成立する．

8.5.4 打撃の中心

偏心衝突の場合で，物体中に並進運動をしないで回転だけを起こす1点がある．図 8.14 において静止している質量 m_2，重心G回りの慣性モーメント I_G，回転半径 k_G の物体の任意点Pに力積 $I = Ft$ を加えると，重心は右向きに v_G' で並進運動し，角速度 ω_G' で回転する．重心から点Pまでの距離を h_1，重

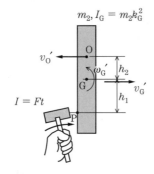

図 8.14 回転だけを起こす1点

心から点Pとは反対側にある任意点Oまでの距離を h_2 とする。

加えられた力積により重心は速度 v_G' で右の方へ, また点Oは v_O' の速度で左方へ動くので

$$v_O' = v_G' - h_2\,\omega_G' \tag{8.31}$$

となる。そこで, $v_O'=0$ と仮定すれば式(8.31)から

$$h_2 = \frac{v_G'}{\omega_G'} \tag{8.32}$$

となる。ところで, 式(8.17), (8.19)より, $Ft = m_2 v_G'$, $Fh_1 t = m_2 k_G^2 \omega_G'$ なので, 式(8.32)は

$$h_2 = \frac{v_G'}{\omega_G'} = \frac{Ft}{m_2} \cdot \frac{m_2 k_G^2}{Fh_1 t} = \frac{k_G^2}{h_1} \tag{8.33}$$

となる。これを整理すると次式が得られる。

$$h_1 h_2 = k_G^2 \tag{8.34}$$

すなわち, 点Oの位置を式(8.34)が満足されるように選べば, 物体は点Oを中心とする回転運動をするだけで並進運動は起こさない。このときの点Pを**打撃の中心**(center of percussion)といい, 点Oを**回転の中心**(center of rotation)という。ボールをバットで打つとき, バットを握る位置が打撃の中心になっていれば, 手首は衝撃力を感じないことになる。

8.6 流体の圧力

つぎに,水が羽根に当り翼車が回る現象を運動量と力積の関係を用いて説明する。

8.6.1 直管の場合

図 8.15 のように断面積 A のまっすぐな管の中を流体が速度 v で流れ,そのまま壁に直角に衝突し壁面に沿って流れ去る。時間 t の間に壁に衝突する流体の質量は流体の密度を ρ とすれば,$\rho A v t$ である。流体の水平方向の速度は衝突の前後において v から 0 まで変化するので,運動量の変化と力積との関係式は,式 (8.3) より

$$(-F)t = \rho A v t \times (0-v) = -\rho A v^2 t$$

となる。したがって,流体が壁に及ぼす力 F は

$$F = \rho A v^2 \tag{8.35}$$

となる。壁のほうが v と同じ向きの速度 u で動いている場合は,流体の壁に対する相対速度 $v-u$ を式 (8.35) の v と置き換えればよい。すなわち

$$F = \rho A (v-u)^2 \tag{8.36}$$

となる。

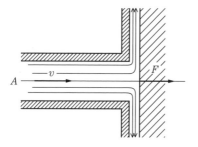

図 8.15　流体が及ぼす力

例題 8.10 図 8.16 のように，断面積 $A=100\,[\mathrm{mm}^2]$ のノズルから流速 v_1 で水が真上に噴出しているところへ質量 $m=1\,[\mathrm{kg}]$ の平板を水平にのせ空中で支えたい。ノズルから平板までの高さを $h=20\,[\mathrm{mm}]$ に保つための流速 v_1 を求めよ。

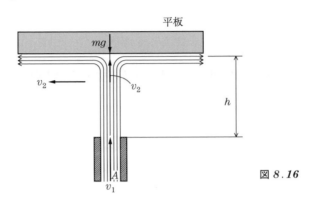

図 8.16

【解答】 平板の位置での流速を v_2 とすれば，5 章の式 (5.17) より，$v_2{}^2-v_1{}^2=2(-g)h$ となる。ρ を水の密度とすると，式 (8.35) より，平板が流体から受ける力 $F=\rho A v_1 v_2$ と平板の重量 mg が釣り合うので
$$mg=\rho A v_1 v_2=\rho A v_1\sqrt{v_1{}^2-2gh}$$
となる。これを整理すると $v_1{}^2$ の 2 次方程式，$(v_1{}^2)^2-2ghv_1{}^2-(mg/\rho A)^2=0$ となる。これを $v_1{}^2$ について解くと
$$v_1{}^2=\frac{1}{2}\left\{2gh\pm\sqrt{(2gh)^2+4\left(\frac{mg}{\rho A}\right)^2}\right\}$$
が得られる。この解の正の符号を選び，与えられた数値および水の密度 $\rho=1\,000\,[\mathrm{kg/m}^3]$ を代入すると $v_1=9.91\,[\mathrm{m/s}]$ が得られる。 ◇

8.6.2 曲管に作用する力

図 8.17 のように，管の上流 1，下流 2 断面での流速をそれぞれ v_1, v_2，圧力を p_1, p_2，断面積を A_1, A_2 とする。また，断面 2 の流速 v_2 の向きは水平に対し θ であるとする。流体が非圧縮性であれば，単位時間に流れる流体の体

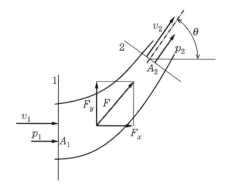

図8.17 曲管に作用する力

積 Q は

$$Q = A_1 v_1 = A_2 v_2 \tag{8.37}$$

となるので時間 t の間に流体は質量 $\rho Q t$ だけ移動する。運動量の変化によって流体が管壁の x 方向に及ぼす力を F_{x1} とすれば，式 (8.3) より

$$(-F_{x1})t = \rho Q t (v_2 \cos \theta - v_1)$$

となる。したがって，流体が管壁に及ぼす x 方向の力 F_{x1} は

$$F_{x1} = \rho Q (v_1 - v_2 \cos \theta) \tag{8.38}$$

である。また，区間1，2での圧力 p_1, p_2 により流体が管壁の x 方向に及ぼす力 F_{x2} は

$$F_{x2} = p_1 A_1 - p_2 A_2 \cos \theta \tag{8.39}$$

となる。結局，流体が管壁に及ぼす x 方向の力 F_x は

$$F_x = F_{x1} + F_{x2} = \rho Q (v_1 - v_2 \cos \theta) + p_1 A_1 - p_2 A_2 \cos \theta \tag{8.40}$$

となる。y 方向も同様にして，流体が管壁の y 方向に及ぼす力 F_y は

$$F_y = -\rho Q v_2 \sin \theta - p_2 A_2 \sin \theta \tag{8.41}$$

となる。

例題 8.11 図8.18のように断面積 $A = 100 \text{ [mm}^2\text{]}$ のノズルから流速 $v = 20 \text{ [m/s]}$ で水が大気中に噴出し案内板に沿って方向が $\theta = 45°$ だけ変わる。流速は変わらないものとして板に作用する力 F と水平とのなす角 ϕ を求めよ。

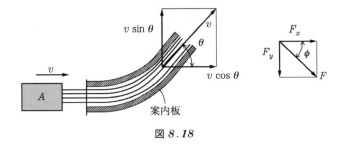

図 8.18

【解答】 板に作用する力 F の x, y 方向の分力を F_x, F_y とすれば式 (8.38) と式 (8.41) より

$$F_x = \rho Q(v - v\cos\theta)$$
$$= \rho A v^2 (1 - \cos\theta) = 1\,000 \times 100 \times 10^{-6} \times 20^2 (1 - \cos 45°) = 11.71 \,[\text{N}]$$
$$F_y = -\rho Q v \sin\theta = -\rho A v^2 \sin\theta$$
$$= -1\,000 \times 100 \times 10^{-6} \times 20^2 \sin 45° = -28.27 \,[\text{N}]$$

である。したがって

$$F = \sqrt{F_x^2 + F_y^2} = 30.6 \,[\text{N}]$$

また

$$\tan\phi = \frac{F_y}{F_x} = \frac{-28.27}{11.71}$$

より

$$\phi \fallingdotseq -67.5°$$

となる。 ◇

8.6.3 ジェット機の推力

図 8.19 はジェットエンジンの略図である。吸い込んだ空気をコンプレッサで圧縮し、これと燃料を混合して燃焼室で燃焼させ高温高圧ガスを噴出する。

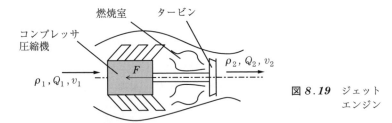

図 8.19 ジェットエンジン

ρ_1, Q_1, v_1 をそれぞれ吸い込む空気の密度,流量,流速,また ρ_2, Q_2, v_2 を後尾から噴出する高温高圧ガスの密度,流量,流速とする。機体を前方に押し出す力,すなわち推力 F は式 (8.38) より

$$F = \rho_2 Q_2 v_2 - \rho_1 Q_1 v_1 \tag{8.42}$$

である。また,単位時間に入口と出口を通る気体の質量は同じであるから

$$\rho_1 Q_1 = \rho_2 Q_2 = \rho Q \tag{8.43}$$

を得る。したがって,推力 F は,式 (8.42) と式 (8.43) より

$$F = \rho Q (v_2 - v_1) \tag{8.44}$$

となる。

例題 8.12 時速 $v_1 = 800$ [km/h] で飛行中のジェット機が直径 $d = 300$ [mm] の噴出口から高温ガスを $v_2 = 580$ [m/s] の速度で噴出している。噴出ガスの密度 $\rho_2 = 0.38$ [kg/m³] と仮定して,ジェット機の推力 F を求めよ。

【解答】 式 (8.43) より

$$\rho Q = \rho A v_2 = \rho \left(\frac{\pi d^2}{4} \right) v_2 = 0.38 \times \left(3.14 \times \frac{0.3^2}{4} \right) \times 580 = 15.6 \text{ [kg/s]}$$

である。

飛行速度は

$$v_1 = 800 \text{ [km/h]} = 800 \times \frac{1\,000}{60^2} = 222 \text{ [m/s]}$$

であるから,式 (8.44) より

$$F = \rho Q (v_2 - v_1) = 15.6 \times (580 - 222) = 5.57 \text{ [kN]}$$

となる。 ◇

演 習 問 題

【1】 2 [m] の高さからボールを床の上に落としたとき,60 [cm] 跳ね上がった。両者の反発係数 e はいくらか。

【2】 問図 8.1 のように質量 m のガラス球が水平な床に落下して高さ $h_1 = 900$ [mm] だけ跳ね上がり,再び落下した。つぎの跳ね上がりでは高さ $h_2 = 600$ [mm] になった。反発係数 e はいくらか。

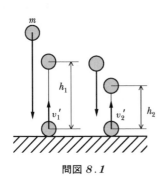
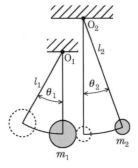

問図 8.1   問図 8.2

【3】 問図 8.2 において質量 $m_1=2$ [kg] を $\theta_1=45°$ 持ち上げてから静かに放して質量 $m_2=1$ [kg] に衝突させた。m_2 が持ち上がる最大角度 θ_2 はいくらか。反発係数 $e=0.8$, $l_1=1$ [m], $l_2=1.4$ [m] とする。

【4】 水上で静止している質量 M の小船に乗っている体重 mg の人がある方向へ速度 $v=5$ [m/s] で飛び込んだ。小船の速度はどうなるか。また，$M=200$ [kg], $m=60$ [kg] とすれば小船の速度はいくらか。

【5】 質量 $M=10^6$ [kg] の貨物列車を 2 分間に速度 50 [km/h] から 80 [km/h] にまで加速するときの機関車の牽引力 F はいくらか。また，もし，1/100 の勾配を同じだけ加速する場合，牽引力 F' はどうなるか。牽引の際，質量 1000 [kg] 当り 50 [N] の抵抗が働くものとする。

【6】 1 時間当り 120 [mm] の豪雨になっている。雨が地面に当るときの終速度を 8 [m/s] とすると，地面 1 [m²] 当りに作用する力 F は何 [N] か。

【7】 問図 8.3 のように質量 $m_A=30$ [kg] の球 A が速度 $v_A=30$ [m/s] で右側に運動し，反対向きに速度 $v_B=7$ [m/s] で進んでくる質量 $m_B=10$ [kg] の球 B に衝突する。反発係数 $e=0.6$ と仮定して衝突後の 2 球の速度 v_A', v_B' を求めよ。

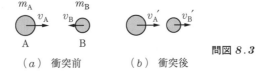

(a) 衝突前   (b) 衝突後   問図 8.3

【8】質量 m の球が**問図 8.4** のように,速度 $v=10$ [m/s] で水平な床に対し $\theta=60°$ で衝突し $\theta'=45°$ の方向に跳ね返った。反発係数 e と跳ね返り後の速度 v' を求めよ。

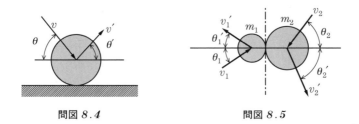

問図 8.4　　　問図 8.5

【9】2 球 m_1, m_2 が**問図 8.5** のような状態で衝突した場合の衝突後の速度 v_1', v_2' と方向 θ_1', θ_2' を求めよ。反発係数 $e=0.8$, $m_1=10$ [kg], $m_2=15$ [kg], $v_1=20$ [m/s], $v_2=30$ [m/s], $\theta_1=30°$, $\theta_2=60°$ とする。

【10】$v=3$ [m/s] の速度で助走している質量 $m_1=50\times10^3$ [kg] の貨車を,別の止まっている質量 $m_2=30\times10^3$ [kg] の別の貨車に連結したい。連結直後の貨車の速度 v' はいくらか。また連結に $t=0.4$ [s] かかるとした場合の平均衝撃力 F はいくらか。

【11】時速 50 [km] で走行中の貨物列車の中に 50 頭の牛が静かに乗っていると仮定する。急に牛の群れが貨車の走行方向と逆向きに 3 [m/s] で一斉に走り出したときの貨車の速度はいくらになるか。貨車だけの質量を 30×10^3 [kg], 牛 1 頭の質量を 300 [kg] と仮定する。

【12】空中に停止中の質量 $m=1\,000$ [kg] のヘリコプター(回転翼の直径 $D=10$ [m])が最大流速 $v=15$ [m/s] の吹き下ろしができるという。空気密度 $\rho=1.25$ [kg/m³] と仮定すると,このヘリコプターは最大何 [kN] の重量物を持ち上げられるか。

【13】**問図 8.6** は真上に向かって流速 $v_0=5$ [m/s] で噴出する水で支持されている質量 $m=2$ [kg] の球を示す。水は球に衝突した後は水平方向に飛散するものと仮定すると,管の出口から球の最下端部までの高さ h はいくらか。

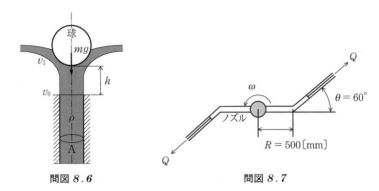

問図 8.6　　　　　　　問図 8.7

【14】 問図 8.7 はスプリンクラーを真上から見たもので，このスプリンクラーは毎分 20 [l] の水を噴出するという。また直径 $d=10$ [mm] のノズルは水平に対して上方に 15°傾いているものとする。この回転を止めるのに要するトルクを求めよ。

【15】 問図 8.8 のように半径 R，質量 m の球が滑らかな水平面上に静止している。この球の中心線を通り，水平に力積 Ft を与える。このとき球が滑らずに転がるためには，どの位置 h に力積を与えればよいか。

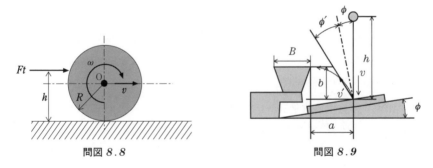

問図 8.8　　　　　　　問図 8.9

【16】 問図 8.9 に示すように，水平に対して傾き $\phi=15°$ の斜面に置かれた板に，高さ $h=1$ [m] の位置から鋼球を落下させる。斜面の反発を利用して，鋼球の衝突点から水平方向に $a=400$ [mm]，垂直方向に $b=300$ [mm] のところに縁のある容器へ鋼球を入れたい。板と鋼球の間の反発係数を $e=0.7$ とするとき，鋼球が容器に入るかどうか容器の幅 B も含めて検討せよ。

9

仕事, 動力, エネルギー

物体に力が作用し，変位が生じたとき，力は物体に仕事をしたという。この仕事をなし得る能力のことをエネルギーという。エネルギーには，機械的エネルギーと呼ばれる位置エネルギー，運動エネルギーのほかに，熱エネルギー，化学エネルギー，電気エネルギー，原子核エネルギーなどがある。本章では，機械的エネルギーと仕事および動力について学ぶ。

9.1 仕　　　事

9.1.1 仕事と単位

図 9.1(a) に示すように，物体に力 F が作用し続けたまま，その力の方向に s だけ変位が生じたとき，力 F と変位 s の積 Fs を力 F が物体にした**仕事**（work）といい，記号 W で表示する。

$$W = Fs \tag{9.1}$$

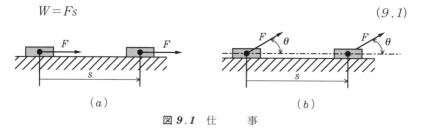

図 9.1　仕　　事

図 (b) のように，変位と力の方向が異なり，一定の角度 θ を持つときの仕事 W は次式となる。

$$W = Fs \cos \theta \tag{9.2}$$

図 9.2 に示すように，力 F の大きさと方向および変位の方向が連続して変

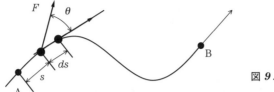

図 **9.2** 仕　　事

化しているときに，微小変位 ds 間に力 F のする仕事 dW は

$$dW = F\cos\theta ds$$

であるので，力 F が AB 間にする仕事 W は次式となる．

$$W = \int_A^B F\cos\theta ds \tag{9.3}$$

物体に 1 [N] の力が作用し，その方向に 1 [m] の変位が生じたとき，この力のした仕事は，式 (9.1) より 1 [N·m] である．この組立単位 [N·m] は**ジュール** (joule) [J] で表示される．仕事は，スカラー量である．

例題 9.1 図 **9.1** (b) で，$F = 500$ [N]，$\theta = 25°$，$s = 30$ [m] とするならば，この間に力のした仕事 W はどれほどか．

【**解答**】　式 (9.2) より，仕事 W は次式となる．
　　　　$W = 500 \times 30 \times \cos 25° = 13.6$ [kJ]　　　　　　　　　　

9.1.2　重力のする仕事

図 **9.3** (a) に示すように，質量 m の物体が h だけ自由落下する場合は，重力 mg と運動の方向が一致するので，重力がこの物体にする仕事は，次式となる．

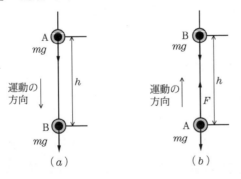

図 **9.3**　重力のする仕事

$$W = mgh \tag{9.4}$$

これとは逆に，図 9.3(b) のように，物体に力を加え，重力に逆らって鉛直上方に h だけ上昇させるときに，重力のする仕事は，重力の向きと運動の向きが逆であるから

$$W = -mgh \tag{9.5}$$

となる。

図 9.4 に示すように，水平とのなす角 θ の滑らかな斜面を質量 m の物体が A から B まで距離 s だけ移動するときに重力がする仕事は次式となる。

$$W = mgs \sin \theta \tag{9.6}$$

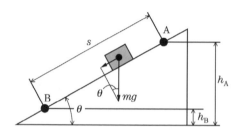

図 9.4 斜面上で重力のする仕事

ここで，$s \sin \theta$ は，斜面上の AB 間の鉛直距離 ($h_A - h_B$) に等しい。これを式 (9.6) に代入して

$$W = mg(h_A - h_B) \tag{9.7}$$

を得る。この式から，重力のする仕事の大きさは斜面の傾角 θ には無関係で，鉛直方向の距離に関係していることがわかる。つまり，重力のする仕事はその経路には無関係で，始めと終わりの位置により決定される。このように「力のする仕事が途中の経路には無関係で，始めと終わりの位置のみで決められる力」を**保存力** (conservative force) という。

9.1.3 ばねのする仕事

力の大きさが連続的に変化する代表的な例としてばねがある。図 9.5 において，ばねを自然の状態から x だけ変位させるのに必要な力 F は

$$F = kx \tag{9.8}$$

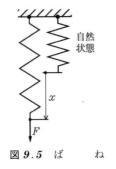
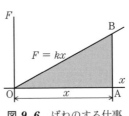

図 9.5　ばね　　　　　図 9.6　ばねのする仕事

である。ここで，k をばね定数という。ばね定数 k の単位は〔N/m〕である。また，このときの仕事 W は

$$W = \int_0^x F dx = \int_0^x kx dx = k\left[\frac{x^2}{2}\right]_0^x = \frac{k}{2}x^2 \qquad (9.9)$$

である。この積分は，図 9.6 の灰色部分（三角形 OAB）の面積に等しい。

例題 9.2　100〔mm〕伸ばすのに 2〔kN〕の力を要するばねを自然の状態から 50〔mm〕伸ばすのに要する仕事 W はどれほどか。

【解答】　まず，ばね定数 k を求める。$F = kx$ より，$2\,000 = 0.1 k$
　　∴　$k = 20\,000$〔N/m〕
したがって，式 (9.9) より次式を得る。
$$W = \int_0^{0.05} 20\,000 x dx = 20\,000 \left[\frac{x^2}{2}\right]_0^{0.05} = 25.0 \text{〔J〕} \qquad \diamondsuit$$

9.1.4　トルクのする仕事

図 9.7 のように物体が一定の力 F の作用のもとで軸 O の周りを回転する場合，角変位を θ とすれば，この間に力 F のした仕事は
$$W = Fr\theta$$
である。ここで，Fr は，軸 O に関する力のモーメント，すなわち，トルクであるから，$T = Fr$ とおいて，次式により表すことができる。
$$W = T\theta \qquad (9.10)$$

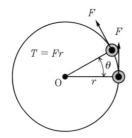

図 **9.7** トルクのする仕事

この式より，回転運動の場合の仕事は，トルク T と角変位 θ の積となることがわかる。

9.2 動　　　力

単位時間当りの仕事を表す量として**動力**（power）P が用いられる。すなわち，微小時間 dt の間に dW の仕事をしたとすると動力 P は

$$P = \frac{dW}{dt} = \frac{Fds}{dt} = Fv \tag{9.11}$$

で表すことができる。動力の単位は式（9.11）より，〔N·m/s〕であるが，この組立単位をワット〔Watt : W〕と呼ぶ。

回転運動をしている物体に力 F を作用させて引き起こされる動力は，微小時間 dt 間の角変位を $d\theta$ とすれば，$ds = rd\theta$ であるので

$$P = \frac{Frd\theta}{dt} = Fr\omega = T\omega \tag{9.12}$$

となる。ここで，T はトルク，ω は角速度である。

例題 9.3　質量 1.30×10^3〔kg〕の自動車が，$12°$ の坂道を時速 30〔km〕で登るには，どれほどの動力が必要か。ただし，この自動車には，重力の 10% の抵抗が働くものとする。

【**解答**】　坂道に沿った重力の成分と抵抗は
$$F = 1\,300 \times 9.8 \times (\sin 12° + 0.1) = 3\,922.8\,〔N〕 = 3.923\,〔kN〕$$
である。必要な動力 P は，この力 F と速度 v の積であるから

であり
$$v=30\left(\frac{1\,000}{3\,600}\right)=8.333\,[\mathrm{m/s}]$$
$$P=Fv=32.7\,[\mathrm{kW}]$$
となる。

例題 9.4 図 9.8 は円板状クラッチを示している。外径 $D_2=300\,[\mathrm{mm}]$, 内径 $D_1=160\,[\mathrm{mm}]$, クラッチ板の押し合う許容圧力 $p=120\,[\mathrm{kPa}]$, 板どうしの摩擦係数 $\mu=0.2$ とするとき, 伝達可能なトルク T を求めよ。また, 回転数が $n=1\,500\,[\mathrm{rpm}]$ ならばこの伝動軸の伝達動力 P はどれほどか。

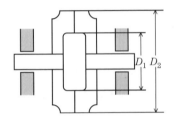

図 9.8 円板状クラッチ

【解答】 求めるトルク T は
$$T=\int_{\frac{D_1}{2}}^{\frac{D_2}{2}}\mu p 2\pi r^2 dr = 2\pi\mu p\left[\frac{r^3}{3}\right]_{\frac{D_1}{2}}^{\frac{D_2}{2}}$$
となる。$\mu=0.2$, $p=120\,000\,[\mathrm{Pa}]$, $D_2/2=0.15\,[\mathrm{m}]$, $D_1/2=0.08\,[\mathrm{m}]$ を代入して
$$T=143.9\,[\mathrm{N\cdot m}]$$
を得る。伝動動力 P は
$$P=T\omega=T\times\frac{2\pi n}{60}=22\,604\,[\mathrm{W}]=22.6\,[\mathrm{kW}]$$
となる。

例題 9.5 底面積 $A=2.5\,[\mathrm{m^2}]$ の貯水槽に底から $1\,[\mathrm{m}]$ の高さまで水が貯まっている。この水の1/2を $P=2.2\,[\mathrm{kW}]$ のポンプにより, 底面より $30\,[\mathrm{m}]$ の高さにある高架水槽にくみ上げるのに要する時間 t を求めよ。

【解答】 水の密度を $\rho=1\,000\,[\mathrm{kg/m^3}]$ とすると, くみ上げる水の重さは
$$\rho V g=1\,000\times 2.5\times 0.5\times 9.8=12\,250\,[\mathrm{N}]$$

である。くみ上げる高さ h の平均は，$h=(29+29.5)/2=29.25$〔m〕であるから，仕事 W は

$$W=\rho Vgh=12\,250\times 29.25=358\,313〔\mathrm{J}〕=358〔\mathrm{kJ}〕$$

となる。したがって，所要時間 t は，つぎのように求められる。

$$t=\frac{W}{P}=\frac{358\,313}{2\,200}=163〔\mathrm{s}〕=2\,分\,43\,秒 \qquad \diamond$$

9.3 エネルギー

　高い位置にある物体，運動している物体，伸縮されたばねなどは，他の物体に対し仕事をなし得る能力を持っている。この能力のことを**エネルギー**（energy）という。したがって，エネルギーは仕事と同じ単位を持ち〔J〕で表す。

　高いところにある物体や伸縮されたばねの持つエネルギーを**位置エネルギー**（potential energy）と呼び，記号 E_p で表示する。運動している物体の持つエネルギーを**運動エネルギー**（kinetic energy）と呼び，表示は E_k とする。これらのエネルギーを総称して，力学的エネルギーまたは**機械的エネルギー**（mechanical energy）と呼ぶ。記号は E_m で表示する。

9.3.1 位置エネルギー

　質量 m の物体が地上から h の高さにある場合，式（9.4）により，mgh の仕事をすることができる。したがってこの物体の持つ位置エネルギーを E_p で表示すると

$$E_p=mgh \qquad (9.13)$$

となる。また，**ばねの復元力が持つエネルギー（弾性エネルギー：elastic energy）** の場合は，ばねの伸縮距離に比例して力の大きさが増加するので，式（9.9）より

$$E_p=\frac{k}{2}x^2 \qquad (9.14)$$

で表すことができる。

9.3.2 運動エネルギー

図 **9.9** に示すように，初速度 v で運動している物体に運動方向と逆向きに力 F を加え続けた結果，s だけ移動して静止したものとする。そうすると，この間に力 F が，この物体にした仕事は，$W=-Fs$ である。逆に，物体の側からみた場合，この物体は，外部に対して

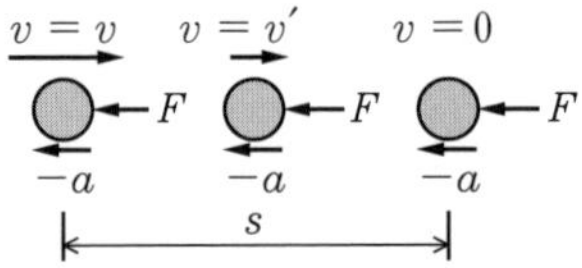

図 **9.9** 運動エネルギー

$$W=Fs \qquad (9.15)$$

の仕事をしたことになる。また，この間物体は $-F$ の力を受けているので運動方程式は

$$-F=m(-a) \qquad (9.16)$$

となる。つまり，この物体は，$-a$ の等加速度運動をして距離 s の変位で静止することになる。等加速度運動の基本式，$v^2-v_0^2=2as$ を適用すると

$$0-v^2=2(-a)s$$

$$\therefore \quad s=\frac{v^2}{2a} \qquad (9.17)$$

が得られる。式（9.16）と式（9.17）を式（9.15）に代入して

$$W=mas=\frac{mav^2}{2a}=\frac{mv^2}{2} \qquad (9.18)$$

が得られる。すなわち，速度 v で運動している質量 m の物体は，式（9.18）で示される仕事をする能力を持っていることになるので，この物体の持つ運動エネルギー E_k は

$$E_k=\frac{mv^2}{2} \qquad (9.19)$$

である。

例題 9.6 （走行中の自動車） 質量 1.20×10^3 [kg] の自動車が時速 72 [km] で走行している。この車が持っている運動エネルギー E_k はどれほどか。

【解答】 速度 v は
$$v = 72 \times \frac{1\,000}{3\,600} = 20 \text{ [m/s]}$$
である。したがって，運動エネルギー E_k は
$$E_k = \frac{mv^2}{2} = 1\,200 \times \frac{20^2}{2} = 240\,000 \text{ [N·m]} = 240 \text{ [kJ]}$$
となる。 ◇

例題 9.7 図 9.10 のように，質量 M のおもりを $h = 5$ [m] の高さから落とし，質量 m のくいを地面に s だけ押し込んだ。地面から受ける力 R はいくらか。衝突後は，おもりとくいは一緒に動くものとする。

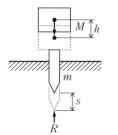

図 9.10

【解答】 おもりがくいに衝突する際，高さ h で持っていた位置エネルギー Mgh がすべて運動エネルギー $1/2\,Mv_0^2$ に変わったとすると（9.4 節を参照）
$$Mgh = \frac{1}{2}Mv_0^2$$
である。よって
$$v_0 = \sqrt{2gh} = \sqrt{2 \times 9.8 \times 5} = \sqrt{98} \text{ [m/s]} = 9.9 \text{ [m/s]}$$
となる。衝突前後の運動量を考える。くいとおもりの衝突直後の速度を v とすれば，式 (8.5) より
$$Mv_0 = (m + M)v \qquad\qquad (a)$$
である。したがって

$$v = \frac{Mv_0}{M+m}$$

となる．地面に s だけ食い込んで止まったから，食い込むときの加速度 a について，式 (5.17) より $0^2 - v^2 = 2as$ の関係が得られ

$$a = -\frac{1}{2s}\left(\frac{Mv_0}{M+m}\right)^2 \tag{b}$$

となる．したがって，くいに働く力 F は次式として求められる．

$$F = (M+m)a = \frac{1}{2s}\frac{(Mv_0)^2}{(M+m)} \tag{c}$$

地面から受ける抵抗力 R は，おもりとくいの自重を考えると

$$R = F + (M+m)g = \frac{1}{2s}\frac{(Mv_0)^2}{(M+m)} + (M+m)g \tag{d}$$

となる． ◇

9.3.3 回転運動エネルギー

固定軸の周りを角速度 ω で回転している物体の持つ，運動エネルギーについて考えてみる．図 **9.11** の回転軸から r の位置にある微小要素 dm の持つ運動エネルギー dE_k は

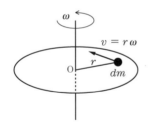

図 9.11 回転運動エネルギー

$$dE_k = \frac{dmv^2}{2} = \frac{dm(r\omega)^2}{2}$$

である．したがって，物体全体では

$$E_k = \int \frac{1}{2}(r\omega)^2 dm = \frac{1}{2}\omega^2 \int r^2 dm \tag{9.20}$$

$$E_k = \frac{1}{2}I\omega^2 \tag{9.21}$$

となる．

　この回転運動エネルギーの式 (9.21) と並進運動エネルギーの式 (9.19) を見比べてみると，質量 m に対応して慣性モーメント I，速度 v に対応して角速度 ω となっていることがわかる．

例題 9.8 図 9.12 のような斜面を半径 r，質量 m の球が滑ることなく転がり落ちるものとして，以下の（1）〜（3）を求めよ．

（1）球の並進運動の速度 v と回転運動の角速度 ω

（2）高さ h だけ落下したときの速度 v' と回転運動の角速度 ω'

（3）球が滑らずに転がるために必要な摩擦係数 μ_0

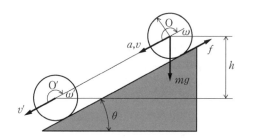

図 9.12

【解答】（1）球の並進運動の運動方程式は，加速度を a，斜面との摩擦力を f とすれば，式（6.1）より

$$ma = mg\sin\theta - f \tag{a}$$

である．また，回転運動の運動方程式は角加速度を α，球の中心 O を通り，紙面に垂直な軸に関する慣性モーメントを I_0 とすれば，式（7.5）より

$$I_0 \alpha = fr \tag{b}$$

である．a と α との間にはつぎの関係がある．

$$a = r\alpha \tag{c}$$

慣性モーメント I_0 は，$I_0 = \left(\dfrac{2}{5}\right)mr^2$ であるから，式（a）〜（c）から，a と α は

$$a = \frac{5}{7}g\sin\theta \tag{d}$$

$$\alpha = \frac{5}{7r}g\sin\theta \tag{e}$$

となる．したがって，並進運動の速度 v と回転運動の角速度 ω は次式となる．

$$v = \frac{5}{7}g\sin\theta\, t \tag{f}$$

$$\omega = \frac{5}{7r}g\sin\theta\, t \tag{g}$$

（2）球の落下距離 h と速度および角速度との関係を求める．図のように距離 h だけ落下したときの球の線速度と角速度をそれぞれ v', ω' と仮定すれば，球の運動

エネルギー E_k は

$$E_k = \frac{1}{2}mv'^2 + \frac{1}{2}I_0\omega'^2 \qquad (h)$$

となり，このエネルギーは，重力がなした仕事 $W_k = mgh$ に等しい。すなわち

$$\frac{1}{2}mv'^2 + \frac{1}{2}I_0\omega'^2 = \frac{1}{2}mv'^2 + \frac{1}{2}\left(\frac{2}{5}mr^2\right)\left(\frac{v'}{r}\right)^2 = mgh$$

である。これを v' について解くと v', ω' はそれぞれ

$$v' = \sqrt{\frac{10}{7}gh} \qquad (i)$$

$$\omega' = \frac{1}{r}\sqrt{\frac{10}{7}gh} \qquad (j)$$

（3） 式 (a), (d) より，摩擦力 f は次式となる。

$$f = \frac{2}{7}mg\sin\theta \qquad (k)$$

一方，球と斜面との間の最大静止摩擦力を f_0，静止摩擦係数を μ_0 とすれば

$$f_0 = \mu_0 mg\cos\theta \qquad (l)$$

である。滑りを起こさないためには $f_0 \geq f$，すなわち

$$\frac{2}{7}mg\sin\theta \leq \mu_0 mg\cos\theta$$

でなければならない。上式を整理すると

$$\mu_0 \geq \frac{2}{7}\tan\theta \qquad (m)$$

となる。　◇

例題 9.9 質量 600〔kg〕，回転半径 600〔mm〕のはずみ車が 300〔rpm〕で回転運動をしている。このはずみ車の持っている運動エネルギー E_k はどれほどか。

【**解答**】 はずみ車の慣性モーメント I は

$$I = mk^2 = 600 \times (0.6)^2 = 216 \text{〔kg·m}^2\text{〕}$$

である。300〔rpm〕を角速度 ω に直すと，$2\pi \times 300/60 = 10\pi$〔rad/s〕であるから

$$E_k = \frac{I\omega^2}{2} = \frac{216(10\pi)^2}{2} = 106.592 \times 10^3 \text{〔N·m〕} = 107 \text{〔kJ〕}$$

となる。　◇

9.4 エネルギー保存の法則

図 9.13 に示すように,基準面から高さ h にある質量 m の物体を自然落下させた場合,高さ h_A における速度が v_A,高さ h_B の速度を v_B とするとこの物体が点 A,B で持つ機械的エネルギー E_m は,位置エネルギーと運動エネルギーの和として,それぞれ,次式により示すことができる。

$$E_{mA} = mgh_A + \frac{mv_A^2}{2} \tag{9.22}$$

$$E_{mB} = mgh_B + \frac{mv_B^2}{2} \tag{9.23}$$

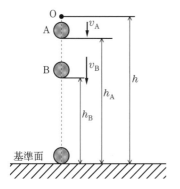

図 9.13 物体の自由落下

この物体は,重力加速度 g により等加速度運動をしているので,点 A および点 B における速度は

$$v_A = \sqrt{2g(h-h_A)} \tag{9.24}$$

$$v_B = \sqrt{2g(h-h_B)} \tag{9.25}$$

であるので,式 (9.24),(9.25) を式 (9.22),(9.23) に代入すると

$$E_{mA} = E_{mB} = mgh \quad (一定)$$

となる。すなわち,経路の任意の1点での物体が持つ位置エネルギーと運動エネルギーの和はつねに一定であることがわかる。

同様なことがばねの復元力の場合にも成り立つ。このように機械的エネル

ギーは，位置エネルギーと運動エネルギーがそれぞれ変化しても，外部に対して仕事をしていなければ，その総和はつねに一定であるということができる。

$$E_p + E_k = 一定 \tag{9.26}$$

このことを**機械的エネルギー保存の法則**（law of conservation of mechanical energy）という。

〈補説〉 運動方程式とエネルギーの法則

運動方程式は，次式のように表現できる。

$$F = m\frac{d^2s}{dt^2} \tag{9.27}$$

この式に，ds/dt を乗じて変形すると

$$F\frac{ds}{dt} = \frac{1}{2}m\frac{d}{dt}\left(\frac{ds}{dt}\right)^2 \tag{9.28}$$

となる。この式を t で積分すると

$$\int F\frac{ds}{dt}\,dt + C = \frac{1}{2}m\int \frac{d}{dt}\left(\frac{ds}{dt}\right)^2 dt \tag{9.29}$$

となる。ここで，境界条件として変位 s_0，s のときの速度をそれぞれ v_0，v とすると，式 (9.29) は

$$\int_{s_0}^{s} F\,ds = \frac{1}{2}mv^2 - \frac{1}{2}mv_0^2 \tag{9.30}$$

となる。この式は，運動している物体に対して外力 F が仕事をする場合，その仕事に相当する分だけ物体の運動エネルギーが変化することを示している。左辺が「外力 F がした仕事」，右辺第1項が外力 F が仕事をした後の物体の運動エネルギー，右辺第2項が外力 F が仕事をする前の物体の運動エネルギーである。

つぎに，重力による鉛直方向の運動について考えてみる。地表を原点にとり鉛直上方に x 軸をとると式 (9.27) は

$$-mg = m\frac{d^2x}{dt^2} \tag{9.31}$$

となる。前述と同様に dx/dt を乗じて変形すると

$$-mg\frac{dx}{dt} = \frac{1}{2}m\frac{d}{dt}\left(\frac{dx}{dt}\right)^2 \tag{9.32}$$

となり，積分して

$$-mgx + C = \frac{1}{2} m \left(\frac{dx}{dt}\right)^2 \tag{9.33}$$

となり，重力の場においては摩擦等がなければ，運動エネルギーと位置エネルギーの和，すなわち機械的エネルギーは保存される．

$$mgx + \frac{1}{2} m \left(\frac{dx}{dt}\right)^2 = C \tag{9.34}$$

例題 9.10 （宙返りするおもちゃ） 図 9.14 のように半径 R の円形レールを持つおもちゃで，質量 m の車を走らせて，レールの最高点Aで落下することなく1回転して通過させるためにはいくら以上の高さ h が必要か．ここで，おもちゃの車の重心位置は R に比較して小さいので無視できるものとする．

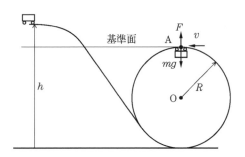

図 9.14 宙返りするおもちゃ

【解答】 落下しないための条件は，点Aにおいて重力 mg より遠心力 $F = mv^2/R$ が大きければよい．したがって，その条件は次式となる．

$$v^2 \geq gR \tag{a}$$

点Aを基準面にとると車が持つ位置エネルギー E_p は

$$E_p = mg(h - 2R) \tag{b}$$

である．
一方，点Aを車が通過するときの速度を v とすると，そのときに車が持つ運動エネルギー E_k は

$$E_k = \frac{mv^2}{2} \tag{c}$$

である．機械的エネルギー保存の法則により，$E_p = E_k$ であるから

$$v^2 = 2g(h - 2R) \tag{d}$$

となり,式(d)と式(a)から

$$h \geqq \frac{5R}{2} \tag{e}$$

が得られる。◇

例題 9.11 (弾丸と鉛球の衝突) 弾丸の初速度を測定する目的で,質量 m_1 の鉛製の球をつるした図 9.15 の装置をつくった。この鉛製の球に弾丸を撃ち込んだところ弾丸は球にめりこみ一体となって運動し,最大角 θ を得た。弾丸の質量を m_2 とするとき,弾丸の初速度 v_0 を求めよ。

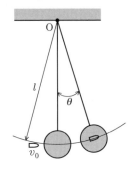

図 9.15 弾丸の初速度の測定

【解答】 完全非弾性衝突と考え運動量保存の法則を適用すると,弾丸とおもりが一体となって動き始める速度 v_1 は

$$m_2 v_0 = (m_1 + m_2) v_1 \tag{a}$$

$$\therefore \quad v_1 = \frac{m_2 v_0}{m_1 + m_2} \tag{b}$$

となる。したがって,一体となって動き始めるときに持つ運動エネルギー E_k は

$$E_k = \frac{(m_1 + m_2) v_1^2}{2} \tag{c}$$

である。角 θ 傾いたときに持つ位置エネルギー E_p は

$$E_p = (m_1 + m_2) gl(1 - \cos\theta) \tag{d}$$

となるので,機械的エネルギー保存の法則より

$$v_1 = \sqrt{2gl(1 - \cos\theta)} \tag{e}$$

である。式(e)と式(a)より

$$v_0 = \frac{(m_1 + m_2)}{m_2} \sqrt{2gl(1 - \cos\theta)} \tag{f}$$

が得られる。◇

例題 9.12 電車1両の全質量を m_0 とし，質量 m_1 の車輪4個は m_0 に含まれるものとする．車輪の半径が R，回転半径を k とするとき，この車両が v で走行するときの全運動エネルギー E_k を求めよ．

【解答】 車両の全運動エネルギーは，車両の並進運動エネルギーと車輪の回転運動エネルギーの和である．並進運動エネルギーは

$$\frac{m_0 v^2}{2} \qquad (a)$$

である．車輪の角速度は

$$\omega = \frac{v}{R} \qquad (b)$$

で表される．また，車輪の慣性モーメントは，$m_1 k^2$ であるから，4個の車輪の回転運動エネルギーは

$$4 \times \frac{I\omega^2}{2} = 4\frac{m_1 k^2 v^2}{2R^2} \qquad (c)$$

となる．したがって，全運動エネルギーは，式 (a)，(b)，(c) より次式となる．

$$E_k = \frac{4m_1 k^2 v^2}{2R^2} + \frac{m_0 v^2}{2} = \frac{v^2}{2}\left(m_0 + \frac{4m_1 k^2}{R^2}\right) \qquad \diamondsuit$$

9.5 仮想仕事の原理

図 **9.16** のようにいくつかの力 F_1，F_2，F_3，…（図の場合は3個の力）が働いて，釣り合っている物体を δS だけ微小変位させたと仮想すると，すべての力がなす仕事の総和 δW は，図より

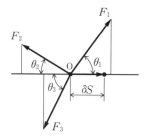

図 **9.16** 仮想仕事

$$\delta W = F_1 \cos\theta_1 \delta S + F_2 \cos\theta_2 \delta S + F_3 \cos\theta_3 \delta S$$

$$= \sum_{i=1}^{3} F_i \delta S$$

である。上式を一般化すれば

$$\delta W = \left(\sum_{i=1}^{n} F_i\right)\delta S \qquad (9.35)$$

となる。式 (9.35) は力と変位ベクトルのスカラー積である。δS は実際に物体が変位したわけではなく想定したにすぎないので,これを**仮想変位** (virtual displacement) と呼ぶ。また,力と仮想変位との積を**仮想仕事** (virtual work) という。

ところで,式 (1.7) または式 (2.6) より,物体に働く力は釣り合っているから

$$\sum_{i=1}^{n} F_i = 0$$

であり

$$\delta W = 0 \qquad (9.36)$$

とならなければならない。

例題 9.13 図 9.17 (a) のように質量 m の物体が床に載っている。物体が床から受ける反力 R を求めよ。

図 **9.17**

【解答】 図 (b) のように重力と反力によって床が δS だけ変位したと仮定すると,二つの力がなした仕事の総和は

$$(-mg + R)\delta S = 0 \qquad (a)$$

物体と床は釣り合っているから

$$-mg + R = 0 \qquad (b)$$

でなければならない。したがって

$$R = mg \tag{c}$$

◇

例題 9.14　図 9.18（a）のように，棒 AB をてこ比 a/b で内分する点 O で支え，一端 A に外力 F_1 が作用している。他端 B に加える力 F_2 をいくらにすれば釣り合うか。

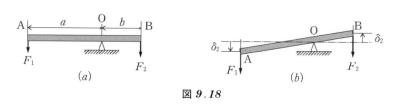

図 9.18

【解答】　図（b）のように釣合い状態から棒 AB を傾けたとき，両端 A，B でそれぞれ垂直方向が δ_1，δ_2 だけ変位したと仮定する。二つの力がなした仕事の総和は

$$F_1 \delta_1 - F_2 \delta_2 = 0 \tag{a}$$

である。また，変位とてこの比との関係は

$$\frac{a}{b} = \frac{\delta_1}{\delta_2} \tag{b}$$

であるから，式（b）を式（a）に代入して整理すると

$$F_1 \delta_1 - F_2 \frac{b}{a} \delta_1 = \left(F_1 - F_2 \frac{b}{a}\right)\delta_1 = 0 \tag{c}$$

となる。題意より，棒 AB は釣り合っているから

$$F_1 - F_2 \frac{b}{a} = = 0$$

でなければならない。したがって

$$F_2 = \frac{a}{b} F_1 \tag{d}$$

演 習 問 題

【1】　質量 10〔kg〕の物体が落差 500〔mm〕の斜面を滑り降りたとき，速度は 2〔m/s〕であった。物体が下降する間に失ったエネルギーを求めよ。

【2】　つるまきばねに質量 400〔g〕のおもりをつけると長さが 150〔mm〕になった。つぎに 600〔g〕のおもりをつけたところ長さは 170〔mm〕になった。このばね

を 150〔mm〕から 200〔mm〕に引き伸ばすのに必要な仕事を求めよ。

【3】 全質量 1.8×10^5〔kg〕である列車の機関車が出力 400〔kW〕で列車を引いている。列車に作用する摩擦抵抗を 1×10^3〔kg〕当り，100〔N〕とするとき，この列車が 1/500 の登り勾配における最大速度〔km/h〕を求めよ。

【4】 高さ $h=30$〔m〕，幅 $W=4$〔m〕，深さ $D=2$〔m〕，流速 $v=20$〔km/h〕の滝がある。この滝のエネルギーを 100％電力に利用できるものとすれば，得られる電力 P〔kW〕は，どれほどか。

【5】 水車が直径 $D=300$〔mm〕の管を流れる落差 $h=10$〔m〕の水を利用し運転されている。水車の効率を 50％とし，水の持つエネルギーの 70％が利用できるものとするならば，この水車の出力 P〔kW〕はどれほどか。

【6】 鋼製の直径 $D=10$〔mm〕の丸棒を旋削するとき，切削速度が $N=1\,500$〔rpm〕で，切削抵抗が $R=1.5$〔kN〕であった。消費される動力 P〔kW〕を求めよ。

【7】 質量 m_1 が v_1 の速度で右へ直線運動している。一方，質量 m_2 の物体が速度 v_2 で左に運動し2物体は向心衝突をした。反発係数を e とするときの衝突前後の運動エネルギーの差を求めよ。

【8】 問図 9.1 に示すように，質量 $m_1=600$〔kg〕の鎚(つち)を高さ 3〔m〕の位置から自然落下させて質量 $m_2=200$〔kg〕のくいを打ち込んだ。このときくいと鎚は完全非弾性衝突をするものとし，打ち込み深さが $s=150$〔mm〕であったとすれば，地面の抵抗力 F は，どれほどか。また，くいが動き始めてから静止するまでの時間 t を鎚とくいの重さを考慮して求めよ。

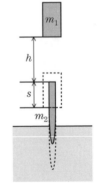

問図 9.1

【9】 質量 $m=120$〔kg〕のはずみ車が $N=250$〔rpm〕で回転している。はずみ車の回転半径を $k=100$〔mm〕，回転軸の直径を $D=100$〔mm〕，軸と軸受間の摩擦係数を $\mu=0.05$ とするとき，はずみ車が停止するまでの回転数を求めよ。

【10】 問図 9.2 に示すように，質量 $m_2=100$〔kg〕，回転半径 60〔mm〕の輪軸にひもを巻き付け，質量 $m_1=50$〔kg〕のおもりを取り付ける。静止の状態からおもりが 2〔m〕落下したときのおもりの速度を求めよ。

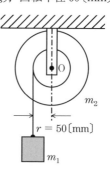

問図 9.2

【11】 問図 9.3 に示す棒 AB を水平な静止位置から重力によりピン A を軸として回転させたとき，この棒 AB が垂直位置を通過するときの A 点の反力を求めよ。

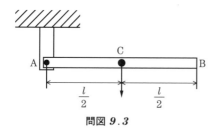

問図 9.3   問図 9.4

【12】 1〔m〕平方の均質な質量 $m=15$〔kg〕の板が問図 9.4 のようにピン A，B により支持されている。ピン B を取り除いて重力により回転させる。AC が垂直になったときの板の角速度 ω とそのときにピン A が受ける反力 R_A を求めよ。

【13】 水平面と 10° 傾いた斜面上を滑らず転がる薄い円筒がある。静止の位置より 10〔m〕転がったときの円筒の速度を求めよ。また，円筒の代わりに中実円柱の場合はどうか。

【14】 一様な密度を持つ球が斜面上を滑らずに転がり落ちる。球の中心が静止位置から h〔m〕だけ降下したとき，球の重心の速度を求めよ。

【15】 問図 9.5 に示すように，半径 R の大きな半球の頂点に半径 r の小球がのせてある。この小球が静止の状態から滑らずに転がり落ちるとき，大半球から離れる角 θ_0 を求めよ。

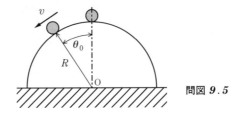

問図 9.5

【16】 問図 9.6 のように長さ l のひもにつるされた質量 M の物体 A に, 質量 m の物体 B が水平方向速度 v_0 で衝突した。衝突後, 両者は一体となって最大角度 θ_0 まで持ち上がったという。$l=2$ [m], $v_0=50$ [m/s], $m=1$ [kg], $M=10$ [kg] として, 最大角 θ_0 を求めよ。

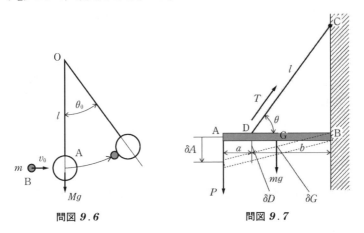

問図 9.6   問図 9.7

【17】 問図 9.7 のように, 壁に固定した長さ $a+b$, 質量 m の棒 AB の先端 A に外力 P が作用している。また, 長さ l のひもの一端が壁から距離 b の位置に固定され, 壁の点 C に結ばれている。ひもに働く張力 T を仮想仕事の原理を用いて求めよ。

(ヒント) 図のように棒 AB の先端 A が鉛直方向に δ_A だけ変化し, それとともに点 D, 重心 G も δ_D, δ_G だけ変化したと仮想する。

10

振　　　動

　時間の経過とともに周期的，あるいは不規則な変化を繰り返す現象を**振動** (vibration) という。その変化が機械的な場合，これを**機械的振動** (mechanical vibration) という。工学的にみた場合，弦楽器，クオーツ時計，部品選別機，スピーカ，部品搬送機等は機械的振動を応用するものであり，逆に鉄道車両，乗用車，搬送機器，精密計測機器等は外部からの機械的振動を避けなければならない例である。本章では，機械的振動の基礎について学ぶ。

10.1 単　　　振　　　動

　図 *10.1* のように，半径 R の円周上を点 P が一定の角速度 ω で円運動をしている。この場合，点 P の x,y 座標は回転角を $\theta=\omega t$ とすれば，それぞれ

$$x = R \cos \theta = R \cos \omega t \tag{10.1}$$

$$y = R \sin \theta = R \sin \omega t \tag{10.2}$$

で表される。図 *10.1* から座標値 x,y は原点 O を中心にそれぞれ左右，上下に運動することがわかる。このような各軸上の周期的な往復運動を**単振動** (simple harmonic motion) という。R を**変位振幅** (displacement amplitude) という。ωt を**位相** (phase) という。

　式 (*10.1*) は

$$x = R \cos \omega t = R \sin \left(\omega t + \frac{\pi}{2} \right) \tag{10.3}$$

と書き換えることができる。式 (*10.3*) を式 (*10.1*) と比べると，座標値 x

190   10. 振　　　動

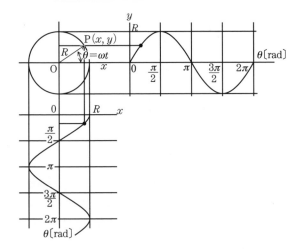

図 *10.1*　単 振 動

の位相は y の値よりも $\pi/2$, すなわち 90° だけ進んでいることがわかる。点 P が 1 回転したときの回転角は 2π [rad] であるから, 1 回転するのに要する時間 T, すなわち**周期**(period) と角速度 ω との関係は

$$T = \frac{2\pi}{\omega} \tag{10.4}$$

となる。T の単位は [s] である。この場合の ω を特に**円振動数**(circular frequency) [rad/s] という。点 P が 1 秒間に左右, または上下に往復する回数を**振動数**(frequency) f といい, 単位は [Hz] で表す。周期と振動数との間にはつぎの関係がある。

$$T = \frac{1}{f} \tag{10.5}$$

また, 式(*10.4*)と式(*10.5*)より, ω と f の間につぎの関係が成り立つ。

$$\omega = 2\pi f \tag{10.6}$$

つぎに点 P の x 方向の変位 x, 速度 v_x, 加速度 a_x の関係を述べる。速度 v_x は式 (*10.1*) を時間 t で微分すれば

$$v_x = -R\omega \sin \omega t = R\omega \cos\left(\omega t + \frac{\pi}{2}\right) \tag{10.7}$$

となる。速度 v_x と変位 x の位相には $\pi/2$ のずれがあることがわかる。さらに

加速度 a_x は式（10.7）を時間 t で微分して

$$a_x = -R\omega^2 \cos \omega t = R\omega^2 \cos(\omega t + \pi) \tag{10.8}$$

が得られる。式（10.1）と式（10.8）を比べると加速度 a_x と変位 x の位相には π のずれがあることがわかる。**図 10.2** に変位 x，速度 v_x，加速度 a_x の関係の例を示す。y 方向の変位，速度，加速度についても同様にして考えることができる。

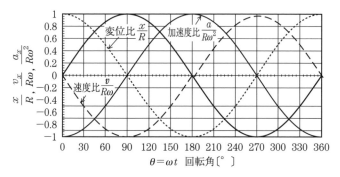

図 10.2 変位，速度，加速度

例題 10.1 質量 $m=200$〔g〕の物体が水平面上で，変位振幅 $R=10$〔mm〕，振動数 $f=10$〔Hz〕で単振動している。最大速度 $v_{\max}$，最大加速度 $a_{\max}$，物体に働く力の最大値 $F_{\max}$ を求めよ。

【解答】 $x = R \cos \omega t$ とする。$\omega = 2\pi f = 20\pi$〔rad/s〕であるから
$v_{\max} = |-R\omega \sin \omega t|_{\max} = R\omega = 0.01 \times 20\pi = 0.628$〔m/s〕
$a_{\max} = |-R\omega^2 \cos \omega t|_{\max} = R\omega^2 = 0.01 \times (20\pi)^2 = 39.5$〔m/s^2〕
$F_{\max} = m a_{\max} = 0.2 \times 39.5 = 7.90$〔N〕 ◇

10.2 自由振動と自由度

振動系にばね力のような復元力が働く以外はなんらの外力も作用しない振動を**自由振動**（free vibration）という。また，自由振動は運動を止めようとする作用があるかないかによって，それぞれ**不減衰自由振動**（undamped natural frequency)，**減衰自由振動**（damped natural frequency）の二つに分けられる。

図 **10.3** に示すように直角座標系 O-xyz にある 1 点 P を考えると，この点は 3 軸方向の独立した並進運動 x, y, z と，3 軸回りの独立した回転運動 θ_x, θ_y, θ_z の合計 6 個の動き得る可能性を持つ。このように質点の運動を表すのに必要な独立した座標の数を**自由度**（degree of freedom）という。

図 **10.4** はいくつかの自由度の例を示す。

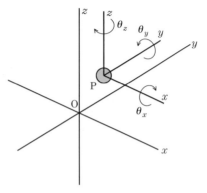

図 **10.3** 自 由 度

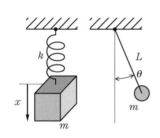

（a） 1 自 由 度

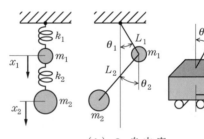

（b） 2 自 由 度

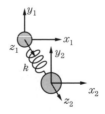

（c） 6 自 由 度

図 **10.4** 自由度の例

10.3　1自由度振動系の例

10.3.1　ばね振り子

図 10.5 は質量が無視できるばねと質点からなる振動系で，**ばね振り子**(spring pendulum) という．図 (a) のように一端が固定されたばね定数 k のばねは，質量 m をつるすと図 (b) のように重力 mg のために δ だけ伸びる．さらに，質量 m をある任意の x だけ押し下げて手放すと質量は上下運動を始める．

そこで，図 (c) のように，静止位置から質点までの変位を x，質量 m をつるす前の位置からの変位を X とする．空気抵抗を無視するとき，質点には重力 mg，ばねの復元力 kX および慣性力 $ma=md^2X/dt^2$ の3力だけが作用する．上方に働く力を正とすれば運動方程式は

$$m\frac{d^2X}{dt^2}+kX-mg=0$$

となる．$X=x+\delta$ であるから

$$m\frac{d^2x}{dt^2}+k(x+\delta)-mg=0$$

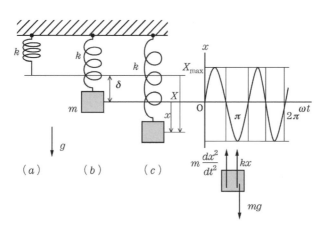

図 **10.5**　ばね振り子

ところが，$k\delta = mg$ であるから

$$m\frac{d^2x}{dt^2} + kx = 0 \tag{10.9}$$

すなわち，質点の運動に対し重力は影響しない。

$$\omega_n^2 = \frac{k}{m} \tag{10.10}$$

とおけば，運動方程式 (10.9) は

$$\frac{d^2x}{dt^2} + \omega_n^2 x = 0 \tag{10.11}$$

となる。

　x 方向の変位の振幅を $X_{\max}$ として，$x = X_{\max} \sin \omega_n t$ とおき，これを式 (10.11) に代入すれば

$$-\omega_n^2 X_{\max} \sin \omega_n t + \omega_n^2 X_{\max} \sin \omega_n t = 0$$

となるので，$x = X_{\max} \sin \omega_n t$ は運動方程式 (10.11) の解であることがわかる。振動数を f_n，円振動数を ω_n で表すと，式 (10.6) より

$$f_n = \frac{\omega_n}{2\pi} = \frac{1}{2\pi}\sqrt{\frac{k}{m}} \tag{10.12}$$

となる。f_n および ω_n は振動系のばね定数と質量だけによって定まる値であり，それぞれ**固有振動数** (natural frequency) および**固有円振動数** (natural circular frequency) という。

　なお，重力 mg によるばねの静たわみは δ であるから，$\sqrt{k/m} = \sqrt{g/(mg/k)} = \sqrt{g/\delta}$ となるので振動数は次式でも求められる。

$$f_n = \frac{1}{2\pi}\sqrt{\frac{g}{\delta}} \tag{10.13}$$

例題 10.2　コイルばねにおもりをつるすと 10 [mm] 伸びた。固有振動数 f_n と周期 T を求めよ。

【解答】　式 (10.13) より，$f_n = (1/2\pi)\sqrt{g/\delta} = (1/2\pi)\sqrt{9.8/0.01} = 4.98$ [Hz]。また，$T = 1/f_n = 0.201$ [s] となる。　◇

10.3.2 単振り子

図 **10.6** のように上端が固定された質量が無視できる長さ l の糸の下端に質量 m の物体をつるし，鉛直面内で小さい角度 θ でゆらすと，物体は点 O を中心とし半径 l の円弧上を往復運動する．このような振り子を**単振り子**（simple pendulum）という．この振動系の運動方程式を導く．

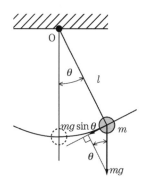

図 **10.6** 単振り子

鉛直線に対して θ だけ微小変位した状態を考えると，点 O の回りのトルク T は，$T = lmg \sin \theta \fallingdotseq lmg\,\theta$ となる．したがって，点 O に関する慣性モーメントを I_0 とすれば

$$I_0 \frac{d^2\theta}{dt^2} + lmg\,\theta = 0$$

となる．$I_0 = ml^2$ であるから運動方程式は

$$\frac{d^2\theta}{dt^2} + \frac{g}{l}\theta = 0 \tag{10.14}$$

となる．$\omega_n{}^2 = g/l$ とおけば式 (10.11) と同じ形になる．したがって，固有振動数 f_n は次式で得られる．

$$f_n = \frac{1}{2\pi}\sqrt{\frac{g}{l}} \tag{10.15}$$

例題 10.3 図 10.7 のようにひもにつり下げたおもりが鉛直線の周りを回転運動するような振り子を**円錐振り子**（conical pendulum）という．円錐振り子としての運動が保たれるための条件を求めよ．また，一端を固定したひもの自由端に質量 m のおもりを付け，鉛直線に対して $\phi = 30°$ 傾けて回転させるときの毎分回転数を $n = 100$〔rpm〕にしたい．ひもの長さ l をいくらにすればよいか．

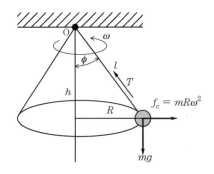

図 10.7 円錐振り子

【解答】 ひもに働く張力を T とする．おもりには遠心力 $f_c = mR\omega^2$ が作用するので水平方向の力の釣合いは

$$T \sin \phi = mR\omega^2 \tag{a}$$

となる．また，鉛直方向の釣合いは

$$T \cos \phi = mg \tag{b}$$

となる．式 (a)，(b) から

$$\tan \phi = \frac{R\omega^2}{g} \tag{c}$$

$\tan \phi = R/h = R/(l \cos \phi)$ であるから，$\cos \phi = g/(l\omega^2)$ となる．$\cos \phi \leqq 1$ なので，$g/(l\omega^2) \leqq 1$ が円錐振り子としての運動が保たれるための条件となる．また，$n = 100$〔rpm〕とするためのひもの長さ l は

$$l = \frac{g}{(2\pi n)^2 \cos \phi} = \frac{9.8}{(2\pi \times 100/60)^2 \cos 30°} = 0.103 〔\mathrm{m}〕$$

となる． ◇

例題 10.4 図 10.8 のように長さ $l = 100$ [mm] の一様な棒の一端を回転自由な状態で支持した振り子を**実体振り子**（または**剛体振り子**）(physical pendulum) という。この実体振り子の固有振動数 f_n と周期 T を求めよ。

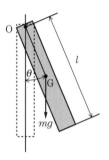

図 10.8　実体振り子

【解答】 棒の質量を m とすれば支点 O に関する棒の慣性モーメント I_O は 7 章の式 (7.8) と例題 7.2 より

$$I_O = I_G + m\left(\frac{l}{2}\right)^2 = \frac{ml^2}{12} + m\left(\frac{l}{2}\right)^2 = \frac{1}{3}ml^2$$

である。したがって，運動方程式は

$$\frac{1}{3}ml^2 \frac{d^2\theta}{dt^2} + \frac{l}{2}mg\sin\theta = 0$$

となる。θ が微小であれば

$$\frac{d^2\theta}{dt^2} + \frac{3}{2}\frac{g}{l}\theta = 0$$

となる。したがって，固有振動数と周期はそれぞれ

$$f_n = \frac{\sqrt{3g/2l}}{2\pi} = \frac{\sqrt{3 \times 9.8/(2 \times 0.1)}}{2\pi} = 1.93 \text{ [Hz]}$$

$$T = \frac{1}{f_n} = 518 \text{ [ms]}$$

となる。　　　　　　　　　　　　　　　　　　　　　　　　◇

10.3.3　管中の液体の振動

図 10.9 は全長 l，断面積 A，密度 ρ の液体が管に入れられ，静止位置 O–O から上下に x だけ動いた瞬間を示す。管壁と液体間には粘性摩擦が作用せず，流体摩擦もないものと仮定すれば，この液体に働く力は重力 $2xA\rho g$ と慣

198　10. 振　　　動

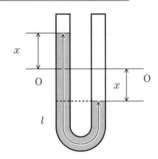

図 10.9　液体の振動

性力 $\rho Al(d^2x/dt^2)$ の二つである．したがって運動方程式は

$$\rho Al \frac{d^2x}{dt^2} + 2A\rho g x = 0$$

となる．これを整理して

$$\frac{d^2x}{dt^2} + \frac{2g}{l}x = 0 \tag{10.16}$$

となる．固有振動数は

$$f_n = \frac{\omega_n}{2\pi} = \frac{1}{2\pi}\sqrt{\frac{2g}{l}} \tag{10.17}$$

である．式（10.17）より，液体の振動は管の断面積や液体の密度には無関係であることがわかる．

10.3.4　弦　の　振　動

図 10.10 のように長さ $3l$ の両端固定の弦に質量 m が取り付けられ一定の張力 T で引っ張られている．重力を無視して運動方程式を導く．

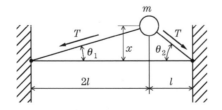

図 10.10　弦 の 振 動

いま上方に x だけ微小変位した瞬間を考える．質量 m に働く鉛直方向の力は，弦によって下側に引っ張られる2力 $T\sin\theta_1$ と $T\sin\theta_2$ および慣性力 m

(d^2x/dt^2) の三つである。微小角なので $\sin\theta_1 \fallingdotseq \tan\theta_1$, $\sin\theta_2 \fallingdotseq \tan\theta_2$ とおくと，$T\sin\theta_1 = T\tan\theta_1 = Tx/2l$ および，$T\sin\theta_2 = T\tan\theta_2 = T(x/l)$ となるので

$$m\frac{d^2x}{dt^2} + T\left(\frac{x}{2l}\right) + T\left(\frac{x}{l}\right) = 0$$

が得られる。これを整理して

$$m\frac{d^2x}{dt^2} + \frac{3T}{2l}x = 0 \tag{10.18}$$

となる。固有振動数は次式となる。

$$f_n = \frac{\omega_n}{2\pi} = \frac{1}{2\pi}\sqrt{\frac{3T}{2lm}} \tag{10.19}$$

10.4 減衰のない1自由度自由振動

10.3 節では，いくつかの1自由度振動系の運動方程式の立て方について説明した。これらの系の運動方程式は定数係数の2階の常微分方程式となる。ここでは物理的な意味を考えながら運動方程式（10.11）を解く。

この微分方程式の解を $x = e^{\lambda t}$ とおいて式（10.11）に代入すれば

$$(\lambda^2 + \omega_n^2)e^{\lambda t} = 0 \tag{10.20}$$

である。$e^{\lambda t} \neq 0$ であるから

$$\lambda^2 + \omega_n^2 = 0 \tag{10.21}$$

でなければならない。式（10.21）を**特性方程式**（characteristic equation）という。

この特性方程式の根は，$\lambda = \pm i\omega_n$（ただし，$i = \sqrt{-1}$）であるから式（10.11）の一般解は次式となる。

$$x = C_1 e^{i\omega_n t} + C_2 e^{-i\omega_n t} \tag{10.22}$$

$$e^{\pm i\omega_n t} = \cos\omega_n t \pm i\sin\omega_n t$$

であるから

$$x = C_1(\cos\omega_n t + i\sin\omega_n t) + C_2(\cos\omega_n t - i\sin\omega_n t)$$

$$= (C_1+C_2) \cos \omega_n t + i(C_1-C_2) \sin \omega_n t$$

$C=C_1+C_2$, $D=i(C_1-C_2)$ とおくと，変位 x の一般解は次式のように表示できる．

$$x = C \cos \omega_n t + D \sin \omega_n t \tag{10.23}$$

式 (10.23) を時間で微分すれば速度 $v=dx/dt$ がつぎのように求められる．

$$v = \frac{dx}{dt} = -C\omega_n \sin \omega_n t + D\omega_n \cos \omega_n t \tag{10.24}$$

C, D は積分定数であり**初期条件** (initial condition) で定まる．

いま $t=0$ で，変位 $x=x_0$，速度 $v=dx/dt=v_0$ とする．これらを式(10.23)，(10.24) に代入すれば $C=x_0$, $D=v_0/\omega_n$ が得られるので変位と速度はそれぞれ

$$x = x_0 \cos \omega_n t + \left(\frac{v_0}{\omega_n}\right) \sin \omega_n t \tag{10.25}$$

$$v = -\omega_n x_0 \sin \omega_n t + v_0 \cos \omega_n t \tag{10.26}$$

となる．

図 **10.11** は式 (10.25) をグラフにしたものである．式 (10.25) の右辺第1項が細い実線で，第2項が細い破線でそれぞれ示され，両項を加え合わせた太い実線が変位 x を示している．

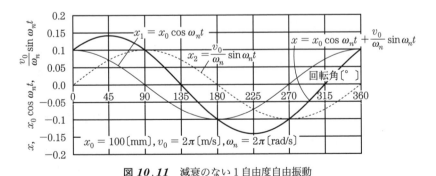

図 **10.11** 減衰のない1自由度自由振動

例題 10.5 図 **10.5** の振動系において，$m=2$ [kg]，$k=10$ [kN/m] とする．この振動系の固有振動数 f_n を求めよ．また，初期条件として $t=0$ におい

て，初期変位 $x_0=10$ [mm]，初期速度 $v_0=2$ [m/s] とする。$t=0.01$ [s] のときの変位 x と速度 v を求めよ。

【解答】 固有円振動数は $\omega_n=\sqrt{k/m}=\sqrt{10\times1\,000/2}=70.7$ [rad/s] である。したがって，固有振動数は $f_n=\omega_n/(2\pi)=70.7/(2\pi)=11.3$ [Hz] である。式 (10.25) と式 (10.26) にこれらの条件を入れると

$x=0.01\cos(70.7\times0.01)+(2/70.7)\sin(70.7\times0.01)=26.0$ [mm]
$v=-70.7\times0.01\sin(70.7\times0.01)+2\cos(70.7\times0.01)=1.06$ [m/s]

が得られる。 ◇

10.5 減衰のある1自由度自由振動

減衰作用のない振動系は理論的にはいつまでも振動数も振幅も変わらない。実際にはそのような振動系は実在しない。図 **10.12** は減衰のある1自由度自由振動系で時間の経過とともに振幅が減少していく様子を示す。図中で運動を妨げる部分を**減衰器** (damper) という。減衰器の中に油のような粘性のある液体が入っている場合は，物体 m に働く粘性減衰力 F_d は一般に速度に比例する力となる。すなわち

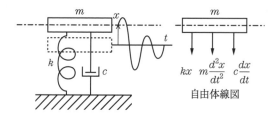

図 **10.12** 減衰のある1自由度自由振動

$$F_d=c\frac{dx}{dt} \tag{10.27}$$

で表される。c は**粘性減衰定数** (coefficient of viscous damping) と呼び単位は [N·s/m] である。自由体線図を用いると物体が上方に x だけ変位した瞬間における物体に働く力は，慣性力 $m(d^2x/dt^2)$，ばね力 kx，粘性減衰力 c

(dx/dt) の三つである。いずれも上方に動こうとする運動を妨げようとするので向きは下側となる。したがって運動方程式は

$$m\frac{d^2x}{dt^2} + c\frac{dx}{dt} + kx = 0 \tag{10.28}$$

となる。解として，$x = e^{\lambda t}$ とおき，式 (10.28) に代入すれば

$$(m\lambda^2 + c\lambda + k)e^{\lambda t} = 0$$

となる。$e^{\lambda t}$ はつねに 0 ではないのでつぎの特性方程式が成り立たなければならない。

$$m\lambda^2 + c\lambda + k = 0 \tag{10.29}$$

λ に関する 2 次方程式の根 λ_1, λ_2 を求めると

$$\lambda_{1,2} = \frac{-c \pm \sqrt{c^2 - 4mk}}{2m} \tag{10.30}$$

となる。したがって，式 (10.28) の一般解は

$$x = C_1 e^{\lambda_1 t} + C_2 e^{\lambda_2 t} \tag{10.31}$$

となる。定数 C_1, C_2 は初期条件により定まる。物体がどのように運動するかは，式 (10.30) 中の $c^2 - 4mk$ の値の符号により以下の 3 種類に分けられる。

（1） $c^2 - 4mk > 0$ のとき

この場合は，λ_1, λ_2 はともに負の実数となる。したがって，式 (10.31) の右辺の 2 項はともに図 **10.13** (a) のように指数的に減少する関数となり周期性を持たず $t \to \infty$ で，$x \to 0$ となる。このような現象を**過減衰** (over damping) という。緩衝器の付いたドアは閉まるときゆっくり元の位置に戻るのはこの特徴を応用したものである。

（2） $c^2 - 4mk = 0$ のとき

この場合は $\lambda_1 = \lambda_2 = \lambda$ で，一般解は

$$x = (C_1 + C_2 t)e^{\lambda t} \tag{10.32}$$

となる。図 (b) のように，この場合も λ が負であるため周期性を持たず，時間の経過とともに振幅が 0 に近づく。この現象を**臨界減衰** (critical damping)

10.5 減衰のある1自由度自由振動

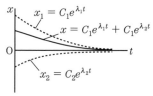

(a) 過減衰

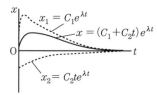

(b) 臨界減衰

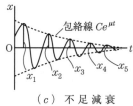

(c) 不足減衰

図 **10.13** 3種類の粘性減衰自由振動

という。なお，$c^2-4mk=0$ となるような減衰定数

$$c_c = 2\sqrt{mk} \tag{10.33}$$

を**臨界減衰定数**（coefficient of critical damping）という。

(3) $c^2-4mk<0$ のとき

この場合 2 根は共役な複素数となる。$\sqrt{4mk-c^2}/(2m)$ を ω_d とおけば

$$\omega_d = \frac{\sqrt{4mk-c^2}}{2m} = \sqrt{\frac{k}{m} - \left(\frac{c}{2m}\right)^2} = \sqrt{\frac{k}{m}} \cdot \sqrt{1-\left(\frac{c}{c_c}\right)^2} = \omega_n\sqrt{1-\zeta^2} \tag{10.34}$$

となる。式 (10.34) 中の (c/c_c) を**減衰比**（damping factor）ζ という。また，ω_d は減衰がある場合の円振動数である。ω_d を用いると式 (10.30) の特性方程式の 2 根は次式で表せる。

$$\lambda_{1,2} = \frac{-c}{2m} \pm i\omega_d$$

したがって，一般解は

$$x = C_1 e^{\left(\frac{-c}{2m}+i\omega_d\right)t} + C_2 e^{\left(\frac{-c}{2m}-i\omega_d\right)t}$$

$$= e^{\left(\frac{-c}{2m}\right)t}(C_1 e^{i\omega_d t} + C_2 e^{-i\omega_d t})$$

$$= e^{\left(\frac{-c}{2m}\right)t}\{(C_1+C_2)\cos\omega_d t + i(C_1-C_2)\sin\omega_d t\}$$

$$= e^{\left(\frac{-c}{2m}\right)t}(C\cos\omega_d t + D\sin\omega_d t) \quad (10.35)$$

となる。ここで $C=c_1+c_2$, $D=i(c_1-c_2)$ である。

したがって $c^2-4mk<0$ の場合は，図 **10.13**（ c ）のように，$e^{(-c/2m)t}$ で表される指数関数に従って減衰しながら周期性のある振動を繰り返すことになる。積分定数 C, D は初期条件によって定まる。式（10.35）の第1項のみについて，減衰比が $\zeta=0.1, 0.2, 0.3$ の3通りの場合の変位振動の様子を図 **10.14** に示す。

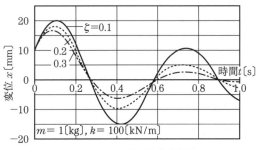

図 **10.14** 粘性減衰自由振動

例題 10.6 図 **10.12** において，$m=10$〔kg〕，$k=40$〔kN/m〕，$c=400$〔N・s/m〕とする。つぎの問に答えよ。

（1） 減衰がないと仮定した場合の固有振動数 f_n と周期 T_n を求めよ。

（2） 減衰がある場合の固有振動数 f_d と周期 T_d を求めよ。

【解答】 （1）

$$f_n = \frac{1}{2\pi}\sqrt{\frac{k}{m}} = \frac{1}{2\pi}\sqrt{\frac{40\times 1\,000}{10}} = 10.07 \fallingdotseq 10.1 \text{〔Hz〕}$$

となる。周期は

$$T_n = \frac{1}{f_n} = 99.3 \,[\text{ms}]$$

である。

（2）臨界減衰定数 $c_c = 2\sqrt{mk} = 2\sqrt{10 \times 40\,000} = 1.265 \times 10^3 \,[\text{N·s/m}]$ であるから減衰比は

$$\zeta = \frac{c}{c_c} = \frac{400}{1.265 \times 10^3} = 0.316$$

となる。式（10.32）より

$$\frac{f_d}{f_n} = \frac{\omega_d/(2\pi)}{\omega_n/(2\pi)} = \frac{\omega_d}{\omega_n} = \sqrt{1-\zeta^2} = \sqrt{1-0.316^2} = 0.9488 = 0.949$$

したがって

$$f_d = 0.9488 \times 10.07 = 9.55 \,[\text{Hz}]$$

$$T_d = \frac{1}{f_d} = 105 \,[\text{ms}] \qquad \diamondsuit$$

10.6　等価ばね，等価質量

構造が比較的複雑な振動系の場合，それを1自由度系または2自由度系におきかえることができる。その手法について説明する。

10.6.1　等　価　ば　ね

〔1〕**直列ばね**　　図 **10.15**(a) のように，ばね1，2が直列につながっているとき，これを1本のばねにおきかえる。ばね1，2の伸縮に対するばね定数を k_1, k_2, 置き換えられたばねのばね定数を k_e とする。いま，ばねが力 F

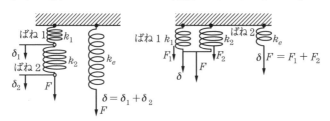

（a）直列ばね　　　　（b）並列ばね

図 **10.15**　等　価　ば　ね

を受けて2本のばねがそれぞれ δ_1, δ_2 伸びたとすれば，全体の伸び δ は

$$\delta = \delta_1 + \delta_2$$

である。それぞれのばねに作用する力は F に等しいので

$$F = k_1\delta_1 = k_2\delta_2 = k_e\delta$$

となる。上の二つの式から

$$\frac{1}{k_e} = \frac{1}{k_1} + \frac{1}{k_2} \tag{10.36}$$

が成り立つ。置き換えられたばねのことを**等価ばね**（equivalent spring）という。**直列ばね**（springs in series）において，等価ばねのばね定数 k_e はばね1, 2のいずれのばね定数よりも小さくなる。

〔**2**〕**並列ばね** 2本のばね1, 2が図 **10.15**(b）のように並列配置の場合はそれぞれのばねに作用する力の和が外から加わる力 F に等しいので

$$F = k_e\delta = k_1\delta + k_2\delta$$

となる。したがって

$$k_e = k_1 + k_2 \tag{10.37}$$

となる。**並列ばね**（springs in parallel）の場合，等価ばねのばね定数 k_e は，2個のばねのどのばね定数よりも大きくなる。

図 **10.16** において，てこの左端にばね定数 k のばねが，また右端には質量 m が取り付けられている。この系の固有振動数 f_n を求める。

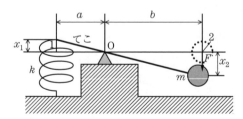

図 **10.16** 等価ばね

いま，かりに右端に力 F が作用して，左端がわずかに x_1 だけ変位したとする。てこを剛体と仮定すると，右端は $x_2 = (b/a)x_1$ だけ変位する。このとき支点Oに関するモーメント M_0 は，$M_0 = akx_1 - bF$ である。力 F がかりに右端に取り付けた等価ばね k_e の変位 x_2 によって与えられ，釣り合うとすれば

$$akx_1 - bk_e x_2 = 0$$

の関係が成り立つ。また，幾何学的関係から，変位とてこ比の関係は

$$\frac{x_1}{x_2} = \frac{a}{b}$$

である。この2式から

$$k_e = \left(\frac{a}{b}\right)^2 k \tag{10.38}$$

となり，等価ばね係数 k_e が得られる。この等価系は**図10.5**の1自由度振動系なので，その固有振動数 f_n は次式となる。

$$f_n = \frac{1}{2\pi}\sqrt{\frac{k_e}{m}} = \frac{1}{2\pi}\sqrt{\left(\frac{a}{b}\right)^2 \frac{k}{m}} = \frac{1}{2\pi}\frac{a}{b}\sqrt{\frac{k}{m}} \tag{10.39}$$

10.6.2 等価質量

同じ問題をつぎのように考えることもできる。いま，$x_1 = X_1 \sin \omega_n t$，$x_2 = X_2 \sin \omega_n t$ とおく。質量 m の最大運動エネルギー E_k は $E_k = (1/2)m(\omega_n X_2)^2$ である。ところが，$x_2 = (b/a)x_1$ より $X_2 = (b/a)X_1$ であるから

$$E_k = \frac{1}{2}m(\omega_n X_2)^2 = \frac{1}{2}m\left(\omega_n \frac{b}{a} X_1\right)^2 = \frac{1}{2}\left\{\left(\frac{b}{a}\right)^2 m\right\}(\omega_n X_1)^2$$

$$= \frac{1}{2}m_e(\omega_n X_1)^2 \tag{10.40}$$

ここで

$$m_e = \left(\frac{b}{a}\right)^2 m \tag{10.41}$$

m_e を**等価質量**（equivalent mass）という。m の代わりに $(b/a)^2 m$ の質量をてこの左端1におけば初期の振動系の持つ運動エネルギーと等しくなる。したがって，この場合も m_e と k からなる1自由度振動系であるから

$$f_n = \frac{1}{2\pi}\sqrt{\frac{k}{m_e}} = \frac{1}{2\pi}\sqrt{\frac{k}{\left(\frac{b}{a}\right)^2 m}} = \frac{1}{2\pi}\left(\frac{a}{b}\right)\sqrt{\frac{k}{m}} \tag{10.42}$$

となる。

これは，式（10.39）と一致する。

例題 10.7 図 10.17 (a) のように長さ l, 全質量 m, ばね定数 k の伸縮ばねの先端に集中質量 M が取り付けられて $\delta_x = a \sin \omega_n t$ で上下に単振動している。この振動系の固有振動数 f_n を求めよ（ヒント：ばねの等価質量 m_e を考える）。

また，$k=1$〔kN/cm〕, $M=2$〔kg〕, $m=1$〔kg〕とすれば，この系の固有振動数 f_n〔Hz〕はいくらか。

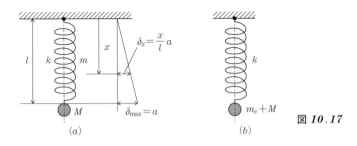

図 10.17

【解答】 ばねの固定端からの任意点 x での変位 δ_x が，ばねの静的変位の場合と同様に $x=l$ での最大変位 δ_{max} とほぼ正比例の関係にあって，この関係が振動時においてつねに成り立つと仮定する（図 (a) において垂直方向の変化 dx は表現の都合で水平方向で示されている）。

微小部分の質量は $dm = (m/l) dx$ であり，またその部分の上下振動 δ_x は

$$\delta_x = \frac{a}{l} x \sin \omega t \qquad (a)$$

と近似できる。したがって，微小部分の最大運動エネルギー dE_k は，式 (9.19) より

$$dE_k = \frac{1}{2} dm v_x^2 = \frac{1}{2} \frac{m}{l} dx \left(\frac{a}{l} \omega x\right)^2$$

$$= \frac{1}{2} \frac{m}{l} \left(a\omega \frac{x}{l}\right)^2 dx \qquad (b)$$

となる。よって，集中質量 M を含めたこの振動系の最大運動エネルギーは

$$E_k = \frac{1}{2} M (a\omega)^2 + \frac{1}{2} \frac{m}{l} \int_0^l \left(a\omega \frac{x}{l}\right)^2 dx$$

$$= \frac{1}{2} (a\omega)^2 \left(M + \frac{1}{3} m\right) \qquad (c)$$

式 (c) の ( ) 中の $\frac{1}{3} m$ は，ばね本体の質量の $\frac{1}{3}$ をばねの自由端に置き換えた等

価質量 $m_e = \dfrac{1}{3}m$ と考えることができる。したがって，固有振動数 f_n は

$$f_n = \frac{\omega_n}{2\pi} = \frac{1}{2\pi}\sqrt{\frac{k}{M+m_e}} = \frac{1}{2\pi}\sqrt{\frac{k}{M+\dfrac{1}{3}m}}$$

$$= \frac{1}{2\pi}\sqrt{\frac{100 \times 1\,000}{2+\dfrac{1}{3}\times 1}} = 33.0\,[\text{Hz}] \quad\quad (d)$$

となる。なお，ここで注意を要する。上述のように静的な集中力がばねの自由端に作用すると仮定した場合の固有振動数は，実際にばねが振動している場合の固有振動数よりやや大きくなる。これは前者の場合，たわみ形状が後者の場合のそれに比べてわずかに小さくなり，振動系として伸縮の剛性が高くなるためである。本例題の厳密解は $f_n = 30.0\,[\text{Hz}]$ である。　◇

例題 10.8 図 10.18 (a) を片持はりと呼ぶ。このはりは，長さ l，質量 m で自由端に集中質量 M を付け，$y = a\sin\omega_n t$ で単振動している。このはりの固有振動数 f_n を求めよ。

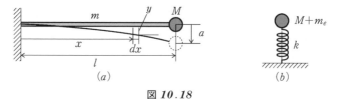

図 10.18

【解答】 単振動しているときのはりの全体の変位が，次式で表される材料力学から導かれるはりのたわみ曲線とほぼ同じであると仮定する。自由端に力 P を受ける片持はりの任意の点 x での静たわみ曲線はつぎの式で表される。

$$y = \frac{P}{EI}\left(\frac{l}{2}x^2 - \frac{1}{6}x^3\right) \quad\quad (a)$$

ここで EI は，はりの曲げ剛性と呼ばれ，はりの断面積とその形状および材料の縦弾性係数により定まる値である。式 (a) より，自由端 $x = l$ での最大変位 a は

$$a = \frac{Pl^3}{3EI} \quad\quad (b)$$

である。式 (a) を式 (b) により書き直すと

$$y = \frac{a}{2}\left\{3\left(\frac{x}{l}\right)^2 - \left(\frac{x}{l}\right)^3\right\} \quad\quad (c)$$

となる。よって，自由端の集中質量 M を含めたこの振動系の最大運動エネルギー E_k

は，例題**10.7**の式（c）と同様に考えられ，次式となる．

$$E_k = \frac{1}{2}M(a\omega_n)^2 + \frac{1}{2}\frac{m}{l}\int_0^l \left(\frac{1}{2}\right)^2 (a\omega_n)^2 \left\{3\left(\frac{x}{l}\right)^2 - \left(\frac{x}{l}\right)^3\right\}^2 dx$$

$$= \frac{1}{2}(a\omega_n)^2 \left(M + \frac{33}{140}m\right) \qquad (d)$$

式（d）の（ ）中の $\frac{33}{140}m$ は，ばね本体の質量の $\frac{33}{140}$ をばねの自由端に置き換えた等価質量 $m_e = \frac{33}{140}m$ と考えることができる．したがって，固有振動数 f_n は

$$f_n = \frac{\omega_n}{2\pi} = \frac{1}{2\pi}\sqrt{\frac{k}{M + m_e}} = \frac{1}{2\pi}\sqrt{\frac{k}{M + \frac{33}{140}m}} \qquad (e)$$

となる．

この問題も**例題10.7**の場合と同様に，静的な集中力が自由端に作用すると仮定したため，はりの曲げ剛性が実際よりわずかに大きくなる．そのため式（e）で求まる固有振動数は厳密解よりも約1％大きくなる． ◇

例題10.9 図**10.19**（a）は質量 m の小球が上下に $y = a\sin\omega_n t$ で単振動している．また支点Oに関する慣性モーメントが I_O の円板も小球に接触しながら微小な往復回転運動をしている．この振動系の固有振動数 f_n を求めよ．接触面での滑りはないものとする．

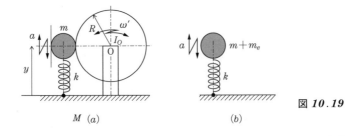

図**10.19**

【解答】 回転体の運動エネルギー E_k は式（9.21）より計算できる．ここで，すべりがないとすれば小球が上下に変位する分だけ円板も往復回転運動をする．したがって，小球の速度を v，円板の角速度を ω' とすれば，$v = a\omega_n = R\omega'$ の関係から，$\omega' = a\omega_n/R$ となる．よって，振動系全体の運動エネルギー E_k は

$$E_k = \frac{1}{2}m(a\omega_n)^2 + \frac{1}{2}I_O\left(\frac{a\omega_n}{R}\right)^2 = \frac{1}{2}(a\omega_n)^2\left(m + \frac{I_O}{R^2}\right) \qquad (a)$$

となる．したがって，この振動系は図（b）のように表すことができる．式（a）の

（ ）中の $\dfrac{I_O}{R^2}$ は円板の質量をばね k の自由端に置き換えた等価質量 $m_e = \dfrac{I_O}{R^2}$ と考えることができる．したがって，この振動系の固有振動数 f_n は

$$f_n = \dfrac{\omega_n}{2\pi} = \dfrac{1}{2\pi}\sqrt{\dfrac{k}{m+m_e}} = \dfrac{1}{2\pi}\sqrt{\dfrac{k}{m+I_O/R^2}} \qquad (b)$$

なお，式（ b ）中の I_O には**表7.1**の円柱の $I_z = \dfrac{mR^2}{2}$ を適用できる．

◇

演 習 問 題

【1】 問図 **10.1**（a），（b）の等価ばね定数を求めよ．

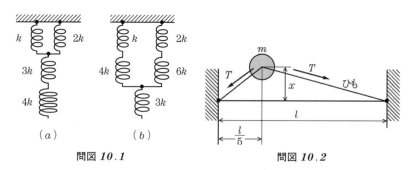

問図 **10.1**　　　　　　　　　　問図 **10.2**

【2】 問図 **10.2** のように長さ $l=500$〔mm〕の張力 $T=5$〔kN〕で張られたひもに質量 $m=2$〔kg〕が取り付けられている．わずかに上下に振動するときの固有振動数 f_n を求めよ．ひも自体の質量は無視する．

【3】 10〔Hz〕で上下に振動している台の上に質量 $m=5$〔kg〕の物体が置かれている．台の振幅 X がいくらのとき物体は台から離れて飛び上がるか．また，この振幅で物体が下方に下がりきったときに台が受ける力 F はいくらか．

【4】 問図 **10.3** の振動系の固有振動数 f_n を求めよ．$l_1=1$〔m〕，$l_2=1.5$〔m〕，$m=10$〔kg〕，$k_1=5$〔MN/m〕，$k_2=1$〔MN/m〕とする．

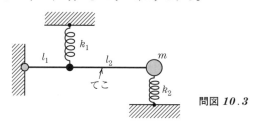

問図 **10.3**

【5】札幌で正しい振り子時計を，鹿児島で使うとすれば1日にどれほどの狂いが生じるか。ただし，札幌，鹿児島での重力加速度はそれぞれ，980.486, 979.493 $[cm/s^2]$ である。

【6】問図 10.4 に示すように質量 m の円板が滑ることなく斜面を転がり往復運動している。この振動系の固有振動数 f_n を求めよ。$m=4$ [kg], $k=10$ [kN/m], $R=0.3$ [m], $\alpha=30°$ とする。重力は無視してよい。

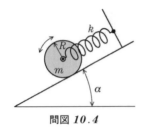

問図 10.4

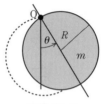

問図 10.5

【7】問図 10.5 のように質量 m，半径 R の円板がその頂点 O を中心に微小振動している。固有振動数 f_n を求めよ。$m=1$ [kg], $R=50$ [mm] とする。

【8】図 10.5 の振動系において，$m=2$ [kg], $k=100$ [kN/m] とする。固有振動数 f_n，周期 T を求めよ。また，初期条件 $t=0$ において，$x_0=10$ [mm], $v_0=10$ [m/s] とするとき，$t=0.2$ [s] での変位 x，速度 v および加速度 a を求めよ。

【9】図 10.12 の振動系において $m=2$ [kg], $k=30$ [kN/m], $c=200$ [N・s/m] とする。減衰がない場合とある場合の固有振動数 f_n, f_d を求めよ。

【10】あるばねにおもり m_1 をかけたところ長さが l_1 となり，また新たに m_2 だけをかけると長さが l_2 となった。このばねに m_3 だけをかけた場合の固有振動数 f_n を求めよ。

【11】問図 10.6 のような長さ l，おもりの質量が m の単振り子がある。糸が $2mg$ の強さに耐えられるとした場合，許される最大の振幅 θ はいくらか。

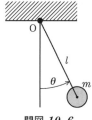

問図 **10.6**

【12】 ある1点が直線上を加速度 $a=-12x$ で動くとする。その最大速度が $v_{max}=1.2$ [m/s] ならば振動の周期 T と変位振幅 A はいくらか。

【13】 問図 **10.7** に示す物理振り子の固有振動数が最も高くなるような長さ l と重心に関する回転半径 k_G の関係を求めよ。

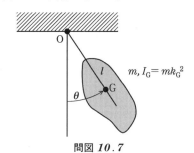

問図 **10.7**

【14】 問図 **10.8**(a) のように，ばね定数 k_1, k_2, k_3 のばねが2本の剛体 AB，CD を結合している。これらのすべてのばねを図(b) のように荷重点 D での等価ばね k_e に置き換えよ。また，図中に与えられた寸法とばね定数を使い k_e の値を求めよ。

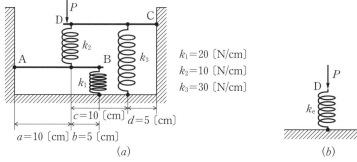

問図 **10.8**

【15】 問図 $10.9(a)$ のように,一端を固定したばね定数 k_1, k_2 の2本のばねが他端で剛体 AB をそれぞれ点 C, B で支持している。これらのばねを図 (b) のように荷重点 A での等価ばね k_e に置き換えよ(ヒント:点 A, B, C の変位をそれぞれ δ_A, δ_B, δ_C とし,δ_B と δ_C を δ_A で表す式を導く)。

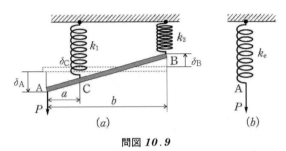

問図 **10.9**

付　　　　録

付 *1*　国際単位系 (International System of Units, 略称 SI)
〔機械工学マニュアル（日本機械学会）より〕

付表 *1.1*　固有の名称をもつ SI 組立単位の例

量	名　称	記号	定義
平　面　角	ラ ジ ア ン	rad	$mm^{-1}=1$
立　体　角	ステラジアン	sr	$m^2m^{-2}=1$
周　波　数	ヘ ル ツ	Hz	s^{-1}
力	ニュートン	N	$m \cdot kg \cdot s^{-2}$
圧力，応力	パ ス カ ル	Pa	N/m^2
エネルギー，仕事，熱量	ジュール	J	$N \cdot m$
動力（工率）	ワ ッ ト	W	J/s

付表 *1.2*　固有の名称を用いて表される SI 組立単位の例

量	名　称	記号
角　速　度	ラジアン毎秒	rad/s
角加速度	ラジアン毎秒毎秒	rad/s^2
粘　　度	パスカル秒	$Pa \cdot s$
力のモーメント	ニュートンメートル	$N \cdot m$
表面張力	ニュートン毎メートル	N/m

付 *2*　三角関数

$\sin \theta = \dfrac{y}{r},\ \cos \theta = \dfrac{x}{r},\ \tan \theta = \dfrac{y}{x}$

$\sin^2 \theta + \cos^2 \theta = 1,\ \tan \theta = \dfrac{\sin \theta}{\cos \theta}$

$\sin(\alpha \pm \beta) = \sin \alpha \cos \beta \pm \sin \beta \cos \alpha$

$\cos(\alpha \pm \beta) = \cos \alpha \cos \beta \mp \sin \alpha \sin \beta$

$\tan(\alpha \pm \beta) = \dfrac{\tan \alpha \pm \tan \beta}{1 \mp \tan \alpha \tan \beta}$

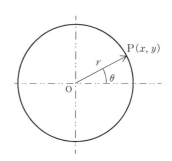

$$\sin 2\alpha = 2\sin\alpha\cos\alpha$$

$$\sin\alpha+\sin\beta = 2\sin\frac{\alpha+\beta}{2}\cos\frac{\alpha-\beta}{2}$$

$$\sin\alpha-\sin\beta = 2\cos\frac{\alpha+\beta}{2}\sin\frac{\alpha-\beta}{2}$$

$$\cos\alpha+\cos\beta = 2\cos\frac{\alpha+\beta}{2}\cos\frac{\alpha-\beta}{2}$$

$$\cos\alpha-\cos\beta = -2\sin\frac{\alpha+\beta}{2}\sin\frac{\alpha-\beta}{2}$$

$$\tan\alpha\pm\tan\beta = \frac{\sin(\alpha\pm\beta)}{\cos\alpha\cos\beta}$$

付3　並進運動と回転運動の対比

付表 3.1　並進運動と回転運動

並進運動			回転運動		
名　称	記号（式）	単位	名　称	記号（式）	単位
変　位	x	m	角変位	θ	rad
(線)速度	v	m/s	角速度	ω	rad/s
(線)加速度	a	m/s^2	角加速度	α	rad/s^2
質　量	m	kg	慣性モーメント	I	kg・m^2
力	F	N	トルク	T	N・m
運動方程式	$F=ma$	N	運動方程式	$T=I\alpha$	N・m
運動量	mv	kg・m/s	角運動量	$I\omega$	kg・m^2/s
力積	Ft	N・s	力積のモーメント	Tt	N・m・s
力積と運動量	$Ft=mv_1-mv_2$	N・s	力積のモーメントと角運動量	$Tt=I\omega_1-I\omega_2$	N・m・s
運動量保存則	$m_1v_1+m_2v_2$ $=m_1v_1'+m_2v_2'$	kg・m/s	角運動量保存則	$I_1\omega_1+I_2\omega_2$ $=I_1\omega_1'+I_2\omega_2'$	kg・m^2/s
力による仕事	Fx	N・m または J	トルクによる仕事	$T\theta$	N・m・rad または J
運動エネルギー	$\left(\frac{1}{2}\right)mv^2$	kg・m^2/s^2 または J	運動エネルギー	$\left(\frac{1}{2}\right)I\omega^2$	kg・m^2/s^2 または J
動力	Fv	N・m/s	動力	$T\omega$	N・m/s

引用・参考文献

本書の著述にあたり，下記の参考書を全般的にわたり参考にさせていただきました。

1) 森口繁一：初等力学，培風館（1959）
2) 佐野元：工業力学，パワー社（1973）
3) 杉山隆二：基礎力学演習，培風館（1960）
4) Ferdinand Beer, E. R Johnston（長谷川節 訳）：工学のための力学(上),(下)，ブレイン図書出版（1976）
5) 入江敏博：詳細 工業力学，理工学社（1983）
6) 青木弘，木谷晋：工業力学，森北出版（1974）
7) 遊佐周逸：工業力学，コロナ社（1975）
8) 宮川松男：工業力学，朝倉書店（1968）
9) 井上安之助，庄司不二男：工業力学演習，産業図書（1966）
10) S. ティモシェンコ，D. H. ヤング（渡辺茂，三浦宏文 訳）：応用力学（静力学編），好学社（1966）
11) S. ティモシェンコ，D. H. ヤング（渡辺茂，三浦宏文 訳）：応用力学（動力学編），好学社（1967）
12) S. ティモシェンコ（谷下市松，渡辺茂 訳）：工業振動学，東京書籍（1955）
13) 山田伸志 監修：振動工学入門（改訂版），パワー社（2008）

演習問題解答

1 章

【1】 $F=96.7$ 〔N〕, $\theta=18.07°$

【2】 $F=100$ 〔N〕, 下向きに $\theta=30.00°$

【3】 $R_A=mg\tan 30°$, $R_B=\dfrac{mg}{\cos 30°}$

【4】 $T_{AC}=588$ 〔N〕, $T_{BC}=766$ 〔N〕

【5】 $T_{AC}=0.732mg$, $T_{BC}=0.897mg$

【6】 $R_A=R_B=221$ 〔N〕, $R_C=368$ 〔N〕, $R_D=1.47$ 〔kN〕

【7】 $F_{AB}=170$ 〔N〕, $T_{BC}=196$ 〔N〕

【8】 $R_A=304$ 〔N〕, $R_B=430$ 〔N〕

【9】 $R_A=588$ 〔N〕, $R_B=1.02$ 〔kN〕, $R_D=778$ 〔N〕, $\theta=49.11°$

【10】 $T_{AB}=84.9$ 〔N〕, $R_C=49.0$ 〔N〕

【11】 $F=7.5$ 〔kN〕, 向きは下向き

2 章

【1】 $F=300$ 〔N〕, 点 A より右 3.33 〔m〕の位置, $R_A=133$ 〔N〕, $R_B=167$ 〔N〕

【2】 大きさは 943 〔N〕, 向きは x 軸から反時計回りに $58°$ の向き, $M_0=1.35$ 〔kN・m〕, $d=1.43$ 〔m〕

【3】 2 力の合力 $F=0$ で, 偶力のモーメント $M=150$ 〔N・m〕, $R_A=50.0$ 〔N〕 上向き, $R_B=50.0$ 〔N〕 下向き

【4】 $R_B=153$ 〔N〕, $T=115$ 〔N〕

【5】 $\tan\theta_1=\dfrac{F}{mg}$, $\tan\theta_2=\dfrac{2F}{mg}$

【6】 $T=\dfrac{mg\cos\theta_1}{2\sin\theta_1\cos\theta_2}$

【7】 $\theta=60.64°$

【8】 $m=510$ 〔kg〕, $R=6.81$ 〔kN〕, 水平方向から反時計回りに $\theta=81.55°$

【9】 $R_A=R_B=\dfrac{m_1 g}{\tan\alpha}$, $R_C=(m_1+m_2)g$, $R_D=\dfrac{m_1 g}{\sin\alpha}$

【10】 $\theta = \alpha$

【11】 $m_0 = m\left(\dfrac{\tan\theta_2}{\tan\theta_1} - 1\right)$

【12】 $R_A = R_B = 2.50$ 〔kN〕
$F_{AC} = F_{BC} = 3.54$ 〔kN〕 圧縮材
$F_{AD} = F_{BD} = 2.50$ 〔kN〕 引張材
$F_{CD} = 5.00$ 〔kN〕 引張材

【13】 $R_A = 4.00$ 〔kN〕, $R_B = 5.00$ 〔kN〕
$F_{AC} = 4.62$ 〔kN〕 圧縮材, $F_{AF} = 2.31$ 〔kN〕 引張材
$F_{BD} = 5.77$ 〔kN〕 圧縮材, $F_{BF} = 2.89$ 〔kN〕 引張材
$F_{CD} = 1.73$ 〔kN〕 圧縮材, $F_{CE} = 1.73$ 〔kN〕 圧縮材
$F_{CF} = 0.577$ 〔kN〕 引張材, $F_{DE} = 1.73$ 〔kN〕 圧縮材
$F_{DF} = 0.577$ 〔kN〕 圧縮材

【14】 $F_{AB} = 17.3$ 〔kN〕 引張材, $F_{AD} = 17.3$ 〔kN〕 引張材
$F_{AE} = 17.3$ 〔kN〕 圧縮材, $F_{BC} = 5.77$ 〔kN〕 引張材
$F_{BE} = 11.5$ 〔kN〕 圧縮材, $F_{BF} = 11.5$ 〔kN〕 引張材
$F_{CF} = 11.5$ 〔kN〕 圧縮材, $F_{DE} = 5.77$ 〔kN〕 引張材
$F_{EG} = 28.9$ 〔kN〕 圧縮材, $F_{EF} = 11.5$ 〔kN〕 圧縮材

【15】 $R_A = 4.00$ 〔kN〕, $R_B = 6.00$ 〔kN〕
$F_{CD} = 3.46$ 〔kN〕 圧縮材, $F_{DF} = 2.31$ 〔kN〕 圧縮材
$F_{GF} = 4.62$ 〔kN〕 引張材

3 章

【1】 $x_G = 280$ 〔mm〕, $y_G = 60.0$ 〔mm〕

【2】 $x_G = -5.00$ 〔mm〕, $y_G = -65.0$ 〔mm〕

【3】 $x_G = 2.33R$

【4】 $x_G = 0.0589a$

【5】 $x_G = 147$ 〔mm〕, $y_G = 44.4$ 〔mm〕

【6】 $x_G = 92.0$ 〔mm〕

【7】 $x_G = \dfrac{21h^2 + 16rh + 3r^2}{8(2h+r)}$

【8】 $y_G = \dfrac{H}{4}$

【9】 $x_G = \dfrac{n+1}{n+2}a$, $y_G = \dfrac{n+1}{2(2n+1)}b$

220　演習問題解答

[10]　$z_G = \dfrac{3}{8}R$

[11]　$P = 490$ [kN], 水面より $\overline{h} = 5.07$ [m] だけ下

[12]　左端より, 空中 369 [mm], 水中 312 [mm]

[13]　$m = 5.14$ [kg]

[14]　$m = 93.7$ [kg]

[15]　$\dfrac{h}{2}$

[16]　$a = \dfrac{M_B}{M_A + M_B} l = 614$ [mm], $\quad b = \dfrac{\sqrt{l^2 - h^2}}{h} \dfrac{M_B - M_B'}{M_A + M_B} l = 105$ [mm]

4 章

[1]　$\tan\theta = \dfrac{1 - \mu_s^2}{2\mu_s}$

[2]　$F = mg\sin\phi_0$, 方向 $\theta = \phi_0$

[3]　$F_1 = 2.74$ [kN]

[4]　$F_2 = 1.25$ [kN]

[5]　$R_S = 725$ [N]

[6]　$F = 929$ [N]

[7]　$P = 13.5$ [kN]

[8]　$T_2 = 31.3$ [N·m]

[9]　0.220

[10]　$F = 115$ [N]

[11]　$p_0 = \dfrac{2P}{\pi r l}, \quad M_0 = \dfrac{4\mu r P}{\pi}$

5 章

[1]　$t = 7.55$ [s], $s = 84.0$ [m]

[2]　$a = 29.4$ [m/s²]

[3]　$a = 1.78$ [m/s²], $\quad v = 96.0$ [km/h]

[4]　$a_N = 15.4$ [m/s²]

[5]　$h = 40.7$ [m]

[6]　$\theta = 45.00°$

[7]　62.8 [s], 188 [回転]

[8]　$v_0 = 20.5$ [m/s]

【9】 $t_m = \dfrac{v_0}{g}$, $h_m = \dfrac{1}{2}\dfrac{v_0^2}{g} + h$, $t_0 = \dfrac{v_0 + \sqrt{v_0^2 + 2gh}}{g}$, $v_{\max} = -\sqrt{v_0^2 + 2gh}$

【10】 $R = 772$ [m]

【11】 2, 3滴目の軒下からの高さはそれぞれ 1.14 [m], 2.01 [m]

【12】 略

【13】 $s = 50.5$ [m]

【14】 $v = 250$ [m/s] ($t = 20$ [s])
$v = t^2$ ($t = 0 \sim 10$ [s])
$v = -\dfrac{1}{2}t^2 + 30t - 150$ ($t = 10 \sim 20$ [s])

【15】 $v_B = \dfrac{l_A + l_B}{t} - v_A$

【16】 人：距離 0.450 [m], 速度 0.450 [m/s], 加速度 0.300 [m/s²]
影：距離 0.542 [m], 速度 0.542 [m/s], 加速度 0.361 [m/s²]

【17】 $v = 64.0$ [km/h], 東方から南方へ 6.34°

6 章

【1】 $F = 16.7$ [N]

【2】 $T_1 = 5.90$ [kN]
$T_2 = 4.90$ [kN]
$T_3 = 3.90$ [kN]

【3】 $F = 3.75$ [kN]

【4】 $v = \dfrac{AT^2}{2m}$

【5】 $F = 1.20$ [kN]

【6】 $m_1 = 129$ [kg], $m_2 = 27.1$ [kg]

【7】 $R = \dfrac{2mg}{3}$

【8】 $T = \dfrac{m_1 l + m_2 x}{(m_1 + m_2) l} F$

【9】 $a_1 = 0.990$ [m/s²], $a_2 = 0.0990$ [m/s²], おもり 1：0.891 [m/s²] 下方,
おもり 2：1.09 [m/s²] 上方

【10】 $a = \dfrac{m_1 \sin\theta \cos\theta}{m_2 + m_1 \sin^2\theta} g$

【11】 加速度の＋の向きを下方にとれば $a_1 = \dfrac{-7g}{17}$, $a_2 = \dfrac{5g}{17}$, $a_3 = \dfrac{g}{17}$

【12】 $a=0.392 \text{[m/s}^2\text{]}, \quad T_1=94.1\text{[N]}, \quad T_2=70.6\text{[N]}$

【13】 解図 6.1 に示すように水面上に微小要素 dm をとり，力の釣合いを考える。要素 dm は，重力 dmg と遠心力 $dmx\omega^2$ および浮力 R の3力により釣合いの状態にある。浮力 R は水面に垂直に作用しているので要素水面の接線方向 dy/dx は，次式となる。

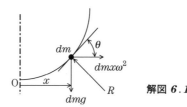

解図 6.1

$$\frac{dy}{dx}=\tan\theta \quad (a)$$

一方，3力の釣合いから，次式が得られる。

$$\tan\theta=\frac{dmx\omega^2}{dmg}=\frac{\omega^2}{g}x \quad (b)$$

式 (a)，(b) より

$$\frac{dy}{dx}=\frac{\omega^2}{g}x \quad (c)$$

となり，これを積分すると

$$y=\frac{\omega^2}{2g}x^2+C \quad (d)$$

放物線式 (d) が得られる。ここで，積分定数 C は，円筒中心部の深さを示している。

【14】 $2.10 \leqq v \leqq 3.63 \text{[m/s]}$

7章

【1】 ① $m\dfrac{h^2}{2}$, ② $m\dfrac{h^2}{18}$, ③ $m\dfrac{h^2}{6}$

【2】 ① 15.4[kg], ② $0.203\text{[kg·m}^2\text{]}$

【3】 y 軸より 200[mm], $I_{y'}=661\text{[kg·cm}^2\text{]}$

【4】 $I_z=\dfrac{m(R_2^2+R_1^2)}{2}, \quad I_{z'}=\dfrac{m(R_2^2+R_1^2)}{2}+mR_2^2$

【5】 直交軸の定理より，$I_z=I_x+I_y=I_{x'}+I_{y'}$ である。対称であるので，$I_x=I_y$，$I_{x'}=I_{y'}$ であるから，$I_x=I_{x'}$ となる。

【6】 $a=1.57 \,[\mathrm{rad/s^2}]$, $T=53.0 \,[\mathrm{N \cdot m}]$

【7】 $a=1.40 \,[\mathrm{m/s^2}]$

【8】 $a=\dfrac{m(R-r)}{I+m(R^2+r^2)}g$, $\quad F=mg-\dfrac{m^2R(R-r)}{I+m(R^2+r^2)}g$,

$\quad F'=mg+\dfrac{m^2r(R-r)}{I+m(R^2+r^2)}g$

【9】 $F=\dfrac{1}{3}mg$, $\quad a=\dfrac{2}{3}g$

【10】 $a=\dfrac{2}{3}g\sin\theta$

【11】 $a=\dfrac{2(m_2-m_1\sin\theta)}{3m_1+2m_2}g$

【12】 $t=8.57 \,[\mathrm{s}]$

【13】 $a=\dfrac{TR_AR_B}{I_AR_B{}^2+I_BR_A{}^2}$, $\quad T_2-T_1=\dfrac{TI_BR_A}{I_AR_B{}^2+I_BR_A{}^2}$

【14】 $v=\sqrt{\dfrac{2mr^2gl}{mr^2+I_G}}$

【15】 ① 滑らずに転がるための条件は，円柱の重心の並進速度を v_G とし，角速度を ω とすると

$$v_G=r\omega \tag{a}$$

である。したがって，円柱の頂点の速度 dx/dt は

$$\frac{dx}{dt}=v_G+r\omega \tag{b}$$

となる。v_G と dx/dt の関係は，式 (a)，(b) より

$$v_G=r\omega=\frac{1}{2}\frac{dx}{dt} \tag{c}$$

となる。式 (c) より，おもりが x だけ移動するとき，円柱の移動距離が $x/2$ となることがわかる。

② x 進むまでの時間を t とすると

$$x=\frac{dx}{dt}t$$

となるので，円柱の回転角 θ は，式 (c) より

$$\theta=\omega t=\frac{1}{2r}\frac{dx}{dt}t=\frac{x}{2r} \tag{d}$$

となる。

③ 円柱の並進運動方程式は

$$T-F=m_2\frac{dv_G}{dt}=\frac{1}{2}m_2\frac{d^2x}{dt^2} \tag{e}$$

となり，角運動方程式は

$$(T+F)r = \frac{m_2 r^2}{2}\frac{d\omega}{dt} \tag{f}$$

となる。

④ おもり m_1 の運動方程式は

$$m_1 g - T = m_1 \frac{d^2 x}{dt^2} \tag{g}$$

である。

⑤ 式（c）を t で微分して

$$r\frac{d\omega}{dt} = \frac{1}{2}\frac{d^2 x}{dt^2} \tag{h}$$

を得る。式（f）と式（h）より，次式を得る。

$$T+F = \frac{m_2}{4}\frac{d^2 x}{dt^2} \tag{i}$$

式（e）+式（i）より

$$2T = \frac{3m_2}{4}\frac{d^2 x}{dt^2} \tag{j}$$

式（j）を式（g）へ代入して整理すると，おもりの加速度が得られる。

$$\frac{d^2 x}{dt^2} = \frac{8m_1 g}{8m_1 + 3m_2}$$

8 章

【1】 $e = 0.548$

【2】 $e = 0.816$

【3】 $\theta_2 = 45.67°$

【4】 $V = -\frac{m}{M}v$ で人の飛び込んだ方向と反対方向に進む。$V = -1.5$ [m/s]

【5】 $F = 119$ [kN]，　$F' = 218$ [kN]

【6】 $F = 0.267$ [N]

【7】 $v_A' = 15.2$ [m/s]，　$v_B' = 37.4$ [m/s]

【8】 $e = 0.578$，　$v' = 7.07$ [m/s]

【9】 $v_1' = 20.2$ [m/s]，　$v_2' = 27.3$ [m/s]，　$\theta_1' = 29.61°$，　$\theta_2' = 72.38°$

【10】 $v' = 1.88$ [m/s]，　$F = 141$ [kN]

【11】 53.6 [km/h]

【12】 22.1 [kN]

【13】 $h = 1.07$ [m]

【14】 0.296〔N·m〕

【15】 $h = \dfrac{7}{5}R$

【16】 鋼球は,水平方向 400〔mm〕の地点で高さは 330〔mm〕となるので,容器の手前側の縁は越える。また,水平方向 680〔mm〕の地点では,高さは 298〔mm〕となる。したがって,容器の幅 B が 280〔mm〕以上であれば容器に入る。

9 章

【1】 29.0〔J〕

【2】 0.319〔J〕

【3】 66.9〔km/h〕

【4】 $P = 13.8 \times 10^3$〔kW〕

【5】 $P = 34.0$〔kW〕

【6】 $P = 1.18$〔kW〕

【7】 衝突前の m_1, m_2 の運動の向きを考えると,衝突後の速度 v_1', v_2' は

$$v_1' = v_1 - \frac{m_2}{m_1 + m_2}(1+e)\{v_1 - (-v_2)\}$$

$$v_2' = -v_2 + \frac{m_1}{m_1 + m_2}(1+e)\{v_1 - (-v_2)\}$$

よって,衝突前後の運動エネルギーの差は

$$\frac{1}{2}\frac{m_1 m_2}{m_1 + m_2}(v_1 + v_2)^2(1 - e^2)$$

【8】 $F = 96.1$〔kN〕, $t = 52.1$〔ms〕

【9】 22.3 回転

【10】 3.18〔m/s〕

【11】 $\dfrac{5mg}{2}$

【12】 $\omega = 2.47$〔rad/s〕, $R_A = 212$〔N〕

【13】 円筒:4.13〔m/s〕, 中実円柱:4.76〔m/s〕

【14】 $\sqrt{\dfrac{10}{7}gh}$

【15】 $\theta_0 = 53.97°$

【16】 $\theta_0 = 61.8°$

【17】 $T = \dfrac{P + \dfrac{1}{2}mg}{\dfrac{\sqrt{l^2 - b^2}}{l} \dfrac{b}{a+b}}$

10 章

【1】 $(a)\ \dfrac{12}{11}k,\ \ (b)\ \dfrac{69}{53}k$

【2】 $f_n = 28.1\,[\mathrm{Hz}]$

【3】 $X = 2.48\,[\mathrm{mm}]$ のとき, $F = 98.0\,[\mathrm{N}]$

【4】 $f_n = 67.5\,[\mathrm{Hz}]$

【5】 $43.8\,[\mathrm{s}]$

【6】 $f_n = 6.50\,[\mathrm{Hz}]$

【7】 $f_n = 1.82\,[\mathrm{Hz}]$

【8】 $f_n = 35.6\,[\mathrm{Hz}],\ \ T = 28.1\,[\mathrm{ms}],\ \ x = 37.5\,[\mathrm{mm}],\ \ v = 5.88\,[\mathrm{m/s}],$
$a = -1.88 \times 10^3\,[\mathrm{m/s^2}]$

【9】 $f_n = 19.5\,[\mathrm{Hz}],\ \ f_d = 17.8\,[\mathrm{Hz}]$

【10】 $f_n = \dfrac{1}{2\pi}\sqrt{\dfrac{(m_1 - m_2)g}{m_3(l_1 - l_2)}}$ または $\dfrac{1}{2\pi}\sqrt{\dfrac{(m_1 + m_2)g}{(l_1 + l_2)m_3}}$

【11】 $\theta = 60.00°$

【12】 $T = 1.81\,[\mathrm{s}],\ \ A = 346\,[\mathrm{mm}]$

【13】 $l = k_G$

【14】 $k_{e1} = \left(\dfrac{a+b}{a}\right)^2 k_1$ となるから k_{e2} は

$$k_{e2} = \dfrac{k_{e1} k_2}{k_{e1} + k_2}$$

である。また

$$k_{e3} = \left(\dfrac{d}{c+d}\right)^2 k_3$$

となる。したがって,全体の等価ばね定数 k_e は

$$k_e = k_{e2} + k_{e3} = \dfrac{\left(\dfrac{a+b}{a}\right)^2 k_1 k_2}{\left(\dfrac{a+b}{a}\right)^2 k_1 + k_2} + \left(\dfrac{d}{c+d}\right)^2 k_3$$

$$= 11.5\,[\mathrm{N/cm}]$$
$$= 1.15\,[\mathrm{kN/m}]$$

【15】 $k_e = \dfrac{(b-a)^2}{b^2/k_1 + a^2/k_2}$

索引

【あ】
圧縮材　　　　　　　　33

【い】
位　相　　　　　　　189
位置エネルギー　　　173
位置ベクトル　　　　79
移動支点　　　　　　11

【う】
腕の長さ　　　　15, 21
運　動　　　　　　　78
　——の第二法則　　142
運動エネルギー　173, 1174
運動学　　　　　　　78
運動方程式　　　　106
運動量　　　　　　142
運動量保存の法則　146

【え】
液体の振動　　　　198
エネルギー　　　　173
エネルギー保存の法則　179
円振動数　　　　　190
遠心力　　　　　　115
円錐振り子　　　　196
円板状クラッチ　　172

【お】
大きさ　　　　　1, 79

【か】
回転運動　　92, 134, 171
回転運動エネルギー　175

回転支点　　　　　　11
回転体
　——の体積　　　　51
　——の表面積　　　51
回転の中心　　　　158
回転半径　　　　　125
外　力　　　　　　　2
角運動方程式　　　124
角運動量　　　　　147
角運動量保存の法則　148
角加速度　　　　　　93
角速度　　　　　　　93
角ねじ　　　　　　　71
角変位　　　　　　　93
過減衰　　　　　　202
仮想仕事　　　　　184
仮想変位　　　　　184
加速度　　　　　　　81
加速度計　　　　　　87
換算質量　　　　　155
慣　性　　　　　　105
　——の法則　　　105
慣性モーメント　124, 126
慣性力　　　　110, 193
完全弾性衝突　　　150
完全非弾性衝突　　1150

【き】
機械的エネルギー保存の法則
　　　　　　　　　180
機械的エネルギー　173
機械的振動　　　　189
軌　跡　　　　　　　78
求心力　　　　　　115
共役な複素数　　　203

【く】
極慣性モーメント　127
極限釣合いの状態　60
曲線運動　　　　　79
距　離　　　　　　79

【く】
偶　力　　　　　　22
　——の腕　　　　22
　——のモーメント　22
くさび　　　　　　69
クーロンの法則　　60

【け】
経　路　　　　　　78
減　衰
　——のある1自由度
　　自由振動　　　201
　——のない1自由度
　　自由振動　　　199
減衰器　　　　　　201
減衰自由振動　　　192
減衰比　　　　　　203
弦の振動　　　　　198

【こ】
向心衝突　　　　　149
剛　体　　　　　2, 207
　——の平面運動　134
剛体振り子　　　　197
行　程　　　　　　78
公転周期　　　　　118
合　力　　　　　　3
固定支点　　　　　11
固有円振動数　　　194
固有振動数　　　　194

228　索　引

転がり摩擦　66
転がり摩擦係数　66

【さ】

最高点　89
最大運動エネルギー　207
最大静摩擦力　60
作用線の法則　3
3力の釣合い　29

【し】

ジェット機の推力　162
軸受　73
仕事　167
実体振り子　197
質点の運動学　79
質量　106
支点反力　11
周期　190
重心　42
自由振動　191
終速度　112
自由体線図　10, 64
自由度　192
重力　10
　　――のする仕事　168
重力加速度　88, 114
ジュール　168
衝突　149
初期行程　83
初期条件　81, 200
振動　189
振動数　190
心向き斜め衝突　149, 152

【す】

スカラー　1
図心　44
スラスト軸受　73

【せ】

静摩擦角　63
静摩擦係数　60

静力学　1
接近速度　149
接線加速度　85
絶対運動　99
絶対速度　100
切断法　36
節点　32
節点法　33

【そ】

相対運動　99
相対速度　100
速度　80
速度成分　81

【た】

打撃の中心　158
ダランベールの原理　110
単振動　189
弾性エネルギー　173
単振り子　195

【ち】

力　1
　　――の作用点　1
　　――の三角形　4
　　――の平行四辺形　4
　　――のモーメント　15
着力点　1, 20, 25
中立のすわり　54
張力　10
直線運動　79
直列ばね　206
直角座標系　4
直交軸の定理　127

【と】

等価質量　207
等加速度運動　82
等角加速度円運動　97
等価ばね　206
等価ばね係数　207
等速円運動　97

等速度運動　80
到達距離　89
動摩擦角　63
動摩擦係数　61
動力　171
動力学　105
特性方程式　199
トラス　32
トルク　124
　　――のする仕事　170

【な】

内力　2

【に】

ニュートンの運動の法則　105

【ね】

ねじの効率　72
粘性減衰定数　201

【は】

ばね　
　　――のする仕事　169
　　――の復元力　173, 193
ばね振り子　193
パップスの定理　51
速さ　80
反発係数　150
万有引力　118
反力　10

【ひ】

引張材　33

【ふ】

不完全弾性衝突　150
不減衰自由振動　191
部材　32
分離速度　149

【へ】

平均加速度　142

平均の速さ	80	法線加速度	85	【り】		
平行軸の定理	126	放物運動	88, 89	力　積	143	
並進運動	78, 134	保存力	169	──のモーメント	147	
並列ばね	206	【ま】		臨界減衰	202	
ベクトル	1	摩擦力	59	臨界減衰定数	203	
ベルトの摩擦	68	【む】				
変　位	79	向　き	1			
変位振幅	189	【ら】				
変位ベクトル	79	ラミの定理	9			
偏心衝突	149, 153	ラジアル軸受	73			
【ほ】						
方　向	1					

―― 著 者 略 歴 ――

吉村 靖夫（よしむら やすお）
1963 年　中央大学理工学部精密機械工学科卒業
1965 年　中央大学大学院工学研究科修士課程修了（精密工学専攻）
1974 年　東京工業高等専門学校助教授
1985 年　東京工業高等専門学校教授
1989 年　工学博士（中央大学）
2004 年　東京工業高等専門学校名誉教授

米内山 誠（よないやま まこと）
1970 年　東京理科大学理学部物理学科卒業
1970 年　東京都立航空工業高等専門学校助手
1975 年　東京都立航空工業高等専門学校講師
1979 年　東京都立航空工業高等専門学校助教授
1997 年　東京都立航空工業高等専門学校教授
2006 年　東京都立産業技術高等専門学校教授
2009 年　東京都立産業技術高等専門学校名誉教授
2011 年　逝去

工業力学（改訂版）
Engineering Mechanics (Revised Edition)
　　　　　　　　　　　© Yasuo Yoshimura, Makoto Yonaiyama 2004, 2016

2004 年 4 月 8 日　初版第 1 刷発行
2016 年 4 月 25 日　初版第 14 刷発行（改訂版）
2023 年 1 月 30 日　初版第 21 刷発行（改訂版）

検印省略	著　者	吉　村　靖　夫
		米　内　山　　誠
	発行者	株式会社　コロナ社
		代表者　牛来真也
	印刷所	新日本印刷株式会社
	製本所	有限会社　愛千製本所

112-0011　東京都文京区千石 4-46-10
発 行 所　株式会社　コロナ社
CORONA PUBLISHING CO., LTD.
Tokyo Japan
振替 00140-8-14844・電話 (03) 3941-3131 (代)
ホームページ　https://www.coronasha.co.jp

ISBN 978-4-339-04483-6 C3353　Printed in Japan　　　　　（安達）

〈出版者著作権管理機構 委託出版物〉
本書の無断複製は著作権法上での例外を除き禁じられています。複製される場合は、そのつど事前に、出版者著作権管理機構（電話 03-5244-5088, FAX 03-5244-5089, e-mail: info@jcopy.or.jp）の許諾を得てください。

本書のコピー，スキャン，デジタル化等の無断複製・転載は著作権法上での例外を除き禁じられています。購入者以外の第三者による本書の電子データ化及び電子書籍化は，いかなる場合も認めていません。
落丁・乱丁はお取替えいたします。